见识城邦

U0258530

更新知识地图　拓展认知边界

BIG HISTORY

万物大历史

多样化的动植物
是怎样出现的

[韩]姜方植 [韩]姜贤植 著 [韩]柳南荣 绘 杨彦 译

中信出版集团|北京

图书在版编目（CIP）数据

多样化的动植物是怎样出现的 /（韩）姜方植，（韩）
姜贤植著；（韩）柳南荣绘；杨彦译 . -- 北京：中信
出版社，2022.5
（万物大历史；8）
ISBN 978-7-5217-3718-9

Ⅰ . ①多… Ⅱ . ①姜… ②姜… ③柳… ④杨… Ⅲ .
①动物－少年读物②植物－少年读物 Ⅳ . ① Q95-49
② Q94-49

中国版本图书馆 CIP 数据核字（2021）第 220455 号

Big History vol.8
Written by Bangsik KANG, Hyunsik KANG
Cartooned by Namyoung Yoo
Copyright © Why School Publishing Co., Ltd.- Korea
Originally published as "Big History vol. 8" by Why School Publishing Co., Ltd., Republic of Korea 2015
Simplified Chinese Character translation copyright © 2021 by CITIC Press Corporation
Simplified Chinese Character edition is published by arrangement with Why School
Publishing Co., Ltd. through Linking-Asia International Inc.
All rights reserved.
本书仅限中国大陆地区发行销售

多样化的动植物是怎样出现的
著者：　　[韩] 姜方植　[韩] 姜贤植
绘者：　　[韩] 柳南荣
译者：　　杨彦
出版发行：中信出版集团股份有限公司
　　　　　（北京市朝阳区惠新东街甲 4 号富盛大厦 2 座　邮编　100029）
承印者：　天津丰富彩艺印刷有限公司

开本：880mm×1230mm　1/32　　　印张：7.5　　　　字数：130 千字
版次：2022 年 5 月第 1 版　　　　印次：2022 年 5 月第 1 次印刷
京权图字：01-2021-3959　　　　　书号：ISBN 978-7-5217-3718-9
　　　　　　　　　　　　　　　　定价：68.00 元

大历史是什么？

为了制作"探索地球报告书"，具有理性能力的来自织女星的生命体组成了地球勘探队。第一天开始议论纷纷。有的主张要了解宇宙大爆炸后，地球是从什么时候、怎样开始形成的；有的主张要了解地球的形成过程，就要追溯至太阳系的出现；有的主张恒星的诞生和元素的生成在先，所以先着手研究这个问题。

在探索过程中，勘探家对地球上存在的多样生命体的历史产生了兴趣。于是，为了弄清楚地球是在什么时候开始出现生命的，并说明生命体的多样性和复杂性，他们致力于研究进化机制的作用过程。在研究过程中，他们展开了关于"谁才是地球的代表"的争论。有人认为存在时间最长、个体数最多、最广为人知的"细菌"应为地球的代表；有人认为亲属关系最为复杂的白蚁才是；也有人认为拥有最强支配能力的智人才是地球的代表。最终在细菌与人类的角逐战中，人类以微弱的优势胜出。

现在需要写出人类成为地球代表的理由。地球勘探队决定要对人类怎样起源、怎样延续、未来将去往何处进行调查和研究，找出人类的成就以及影响人类的因素是什么，包括农耕、城市、帝国、全球网络、气候、人口增减、科学技术和工业革命等。那么，大家肯定会好奇：农耕文化是怎样促使人类的生活产生变化的？世界是怎样连接的？工业革命是怎样改变人类历史的？……

地球勘探队从三个方面制成勘探报告书，包括："从宇宙大爆炸到地球诞生"、"从生命的产生到人类的起源"和"人类文明"。其内容涉及天文学、物理学、化学、地质学、生物学、历史学、人类学和地理学等，把涉及的知识融会贯通，最终形成"探索地球报告书"。

好了，最后到了决定报告书标题的时间了。历尽千辛万苦后，勘探队将报告书取名为《大历史》。

外来生命体？地球勘探队？本书将从外来生命体的视角出发，重构"大历史"的过程。如果从外来生命体的视角来看地球，我们会好奇地球是怎样产生生命的、生命体的繁殖系统是怎样出现的，以及气候给人类粮食生产带来了哪些影响。我们不禁要问："6 500 万年前，如果陨石没有落在地球上，地球上的生命体如今会怎样进化？""如果宇宙大爆炸以其他细微的方式进行，宇宙会变成什么样子？"在寻找答案的过程中，大历史产生了。事实上，通过区分不同领域的各种信息，融合相关知识，

多样化的动植物是怎样出现的

并通过"大历史",我们找到了我们想要回答的"宇宙大问题"。

大历史是所有事物的历史,但它并不探究所有事物。在大历史中,所有事物都身处始于137亿年前并一直持续到今天的时光轨道上,都经历了10个转折点。它们分别是137亿年前宇宙诞生、135亿年前恒星诞生和复杂化学元素生成、46亿年前太阳系和地球生成、38亿年前生命诞生、15亿年前性的起源、20万年前智人出现、1万年前农耕开始、500多年前全球网络出现、200多年前工业化开始。转折点对宇宙、地球、生命、人类以及文明的开始提出了有趣的问题。探究这些问题,我们将会与世界上最宏大的故事相遇,宇宙大历史就是宇宙大故事。

因此,大历史不仅仅是历史,也不属于历史学的某个领域。它通过开动人类的智慧去理解人类的过去和现在,它是应对未来的融合性思考方式的产物。想要综合地了解宇宙、生命和人类文明的历史,就必然涉及人文与自然,因此将此系列丛书简单地划分为文科和理科是毫无意义的。

但是,认为大历史是人文和科学杂乱拼凑而成的观点也是错误的。我们想描绘如此巨大的图画,是为了获得一种洞察力,以便贯穿宇宙从开始到现代社会的巨大历史。其洞察中的一部分发现正是在大历史的转折点处,常出现多样性、宽容开放、相互关联性以及信息积累的爆炸式增长。读者不仅能通过这一系列丛书，在各本书也能获得这些深刻见解。

阅读和学习"万物大历史"系列丛书会有什么不同呢？当然是会获得关于宇宙、生命和人类文明的新奇的知识。此系列丛书不是百科全书，但它包含了许多故事。当这些故事以经纬线把人文和科学编织在一起时，大历史就成了宇宙大故事，同时也为我们提供了一个观察世界、理解世界的框架。尽管想要形成与来自织女星的生命体相同的视角可能有点困难，但就像登上山顶俯瞰世界时所看到的巨大远景一样，站得高才能看得远。

但是，此系列丛书向往的最高水平的教育是"态度的转变"，因为通过大历史，我们最终想知道的是"我们将怎样生活"。改变生活态度比知识的积累、观念的获得更加困难。我们期待读者能够通过"万物大历史"系列丛书回顾和反省自己的生活态度。

大历史是备受世界关注的智力潮流。微软的创始人比尔·盖茨在几年前偶然接触到了大历史，并在学习人类史和宇宙史的过程中对其深深着迷，之后开始大力投资大历史的免费在线教育。实际上，他在自己成立的 BGC3（Bill Gates Catalyst 3）公司将大历史作为正式项目，之后还与大历史企划者之一赵智雄的地球史研究所签订了谅解备忘录。在以大卫·克里斯蒂安为首的大历史开拓者和比尔·盖茨等后来人的努力下，从 2012 年开始，美国和澳大利亚的 70 多所高中进行了大历史试点项目，韩国的一些初、高中也开始尝试大历史教学。比尔·盖茨还建议"青少年应尽早学习大历史"。

经过几年不懈努力写成的"万物大历史"系列丛书在这样的潮流中，成为全世界最早的大历史系列作品，因而很有意义。就像比尔·盖茨所说的那样，"如今的韩国摆脱了追随者的地位，迈入了引领国行列"，我们希望此系列丛书不仅在韩国，也能在全世界引领大历史教育。

李明贤　　赵智雄　　张大益

祝贺"万物大历史"系列丛书诞生

大历史是保持人类悠久历史，把握全宇宙历史脉络以及接近综合教育最理想的方式。特别是对于 21 世纪接受全球化教育的一代学生来讲，它显得尤为重要。

全世界范围内最早的大历史系列丛书能在韩国出版，并且如此简洁明了，这让我感到十分高兴。我期待韩国出版的"万物大历史"系列丛书能让世界其他国家的学生与韩国学生一起开心地学习。

"万物大历史"系列丛书由 20 本组成。2013 年 10 月，天文学者李明贤博士的《世界是如何开始的》、进化生物学者张大益教授的《生命进化为什么有性别之分》以及历史学者赵智雄教授的《世界是怎样被连接的》三本书首先出版，之后的书按顺序出版。在这三本书中，大家将认识到，此系列丛书探究的大历史的范围很广阔，内容也十分多样。我相信"万物大历史"系列丛书可以成为中学生学习大历史的入门读物。

大历史为理解过去提供了一种全新的方式。从 1989

年开始，我在澳大利亚悉尼的麦考瑞大学教授大历史课程。目前，在英语国家，大约有50所大学开设了大历史课程。此外，在微软创始人比尔·盖茨的热情资助下，大历史研究项目团体得以成立，为全世界的青少年提供免费的线上教材。

如今，大历史在韩国备受关注。2009年，随着赵智雄教授地球史研究所的成立，我也开始在韩国教授大历史课程。几年来，为促进大历史在韩国的传播，我们付出了许多心血，梨花女子大学讲授大历史的金书雄博士也翻译了一系列相关书籍。通过各种努力，韩国人对大历史的认识取得了飞跃式发展。

"万物大历史"系列丛书的出版将成为韩国中学以及大学里学习研究大历史体系的第一步。我坚信韩国会成为大历史研究新的中心。在此特别感谢地球史研究所的赵智雄教授和金书雄博士，感谢为促进大历史在韩国的发展起先驱作用的李明贤教授和张大益教授。最后，还要感谢"万物大历史"系列丛书的作者、设计师、编辑和出版社。

2013年10月

大历史创始人　大卫·克里斯蒂安

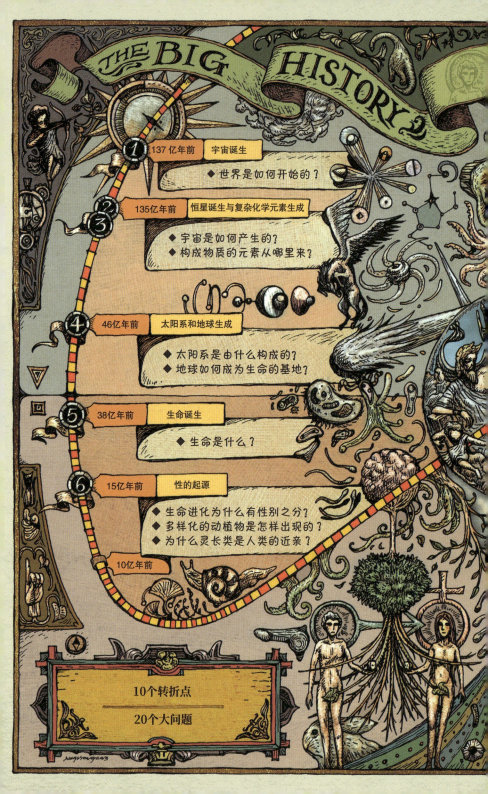

THE BIG HISTORY

① 137亿年前　宇宙诞生
◆ 世界是如何开始的？

②③ 135亿年前　恒星诞生与复杂化学元素生成
◆ 宇宙是如何产生的？
◆ 构成物质的元素从哪里来？

④ 46亿年前　太阳系和地球生成
◆ 太阳系是由什么构成的？
◆ 地球如何成为生命的基地？

⑤ 38亿年前　生命诞生
◆ 生命是什么？

⑥ 15亿年前　性的起源
◆ 生命进化为什么有性别之分？
◆ 多样化的动植物是怎样出现的？
◆ 为什么灵长类是人类的近亲？

10亿年前

10个转折点

20个大问题

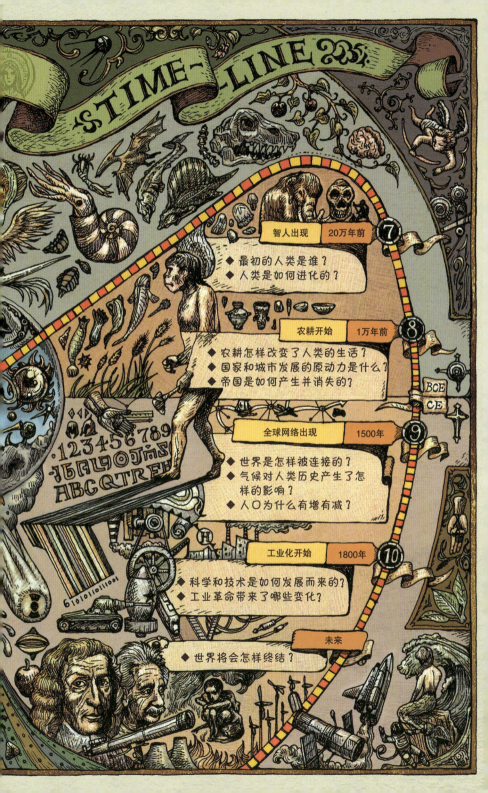

智人出现　　20万年前　⑦

◆ 最初的人类是谁？
◆ 人类是如何进化的？

农耕开始　　1万年前　⑧

◆ 农耕怎样改变了人类的生活？
◆ 国家和城市发展的原动力是什么？
◆ 帝国是如何产生并消失的？

BCE
CE

全球网络出现　　1500年　⑨

◆ 世界是怎样被连接的？
◆ 气候对人类历史产生了怎样的影响？
◆ 人口为什么有增有减？

工业化开始　　1800年　⑩

◆ 科学和技术是如何发展而来的？
◆ 工业革命带来了哪些变化？

未来

◆ 世界将会怎样终结？

目录

光合作用改变世界

拓展阅读

2

植物的进化

3

运动、视觉和思维

4

进化的钥匙

拓展阅读

5

地质年代和生命谱系图

生命之树

Strandbeest 是荷兰动感雕塑艺术家泰奥·扬森发明的"风力仿生兽",由塑料管、木架和帆构成。从远处看,它酷似海边的一头巨型大象。更令人惊奇的是它会自己移动。无数条"腿"和帆连接,复杂地交叉在一起,依靠风力向前移动。它不仅会走路、跑步,还会摇头晃脑。它虽然很复杂,但移动起来却很精巧,就好像是一头安静地漫步海边的野兽。泰奥·扬森说:"我觉得我应该创造一种新的生命。"

仿生兽引起我们对"生命"的无限遐想,但这件"移动的作品"还远远不足以被称为生命。

和周边环境产生关系,按照自我赋予的一定规律不断自我创造,才会产生真正的生命,而生命就像一棵不断生枝发权、相互盘结的树。

38 亿年前，生命诞生，一个小小的细胞是如何在地球这一环境中创造了更大的形体？移动、捕食、逃生的过程中如何出现了鳍、腿还有翅膀？以头和身子的基本构造为基础，生命如何变得丰富多彩？在相互影响的过程中，刺槐的刺怎样变得更加锋利，世上的花怎样变得更加艳丽？所有这些原理，我们都会在生命之树上有所发现。

现在，我们分五大主题来聊一聊生命之树上包含的动植物的进化谱系，以及第一主题和第五主题如何对称重叠。我们首先来看看生物如何改变了它们的生活空间——地球。生命绝对不会心甘情愿地接受环境的变化，为了生存而委曲求全或被动挣扎。在我们所观察到的生命历史现场中，生命反倒是积极改变着周边的环境。在第五个主题部分，我们将按照地质年代的顺序观察地球环境是怎样影响生命进化的。开始是从生命到地球（环境），最后是从地球（环境）到生命。由此我们可以得出这样的结论：如果没有地球的变化无常，就不会有今天生命的多样性和复杂性。

在此过程中，我们会分析生命之树成长的原理，即自然选择的原理。各个主题都包括按照常见的分类法划分出的细菌、植物和动物。本书特别关注的部分是生命征服陆地的历史。事实上，就算在同一个地球上，海洋和陆地环境也截然不同。打个比方说，海洋生物登陆的重要性绝不亚于人类登上并定居火星。首先，陆地上没有支撑身体的浮力。在海洋里，它们可以自由移动，就像在宇宙中的失重状态一样，因为海洋里有支撑身体的浮力。但是登陆后，情况变了，越来越需要支撑身体的装置。不论是爬是立，是走是跳，都需要结实的腿。为了防止滑溜溜、软乎乎的身体中的水分流失，就需要粗糙的皮肤。为了保护体内柔软的内脏不被挤压，就需要强硬的骨骼。让身体结构变化并适应陆地生活是多么艰辛而又令人吃惊的事，你会一一了解。

这里还有一句重要的潜台词，在第二和第三个主题之后，我想向你们介绍第四个主题，也是关键的一个主题。第二个主题和第三个主题涉及像数学公式一样发挥作用的生命进化的自然选择机制。在第四个主题，要讲进化的另一个重要属性"偶然性"。代表偶然性的一个事例是大灭绝。当一座大型火山爆发时，该地区的环境会发生翻天覆地的变化，自然界中生存优势序列首尾互换的事情也时常发生。对于那些面对突如其来的环境变化，不得不让出头把交椅的生命来说，虽然"遗憾终生"，但是自然似乎无论如何不允许存在永远的胜者。正因为有这样的偶然性，生命进化这部电影才能脱离可预测结局的单调窠臼，变得精彩绝伦。

　　探索生命之树的旅行要我们必须回到刚刚诞生的地球，尽管那时地球的环境如地狱一般。好了，地图已准备就绪！做好旅行的准备了吗？那就出发吧！

光合作用改变世界

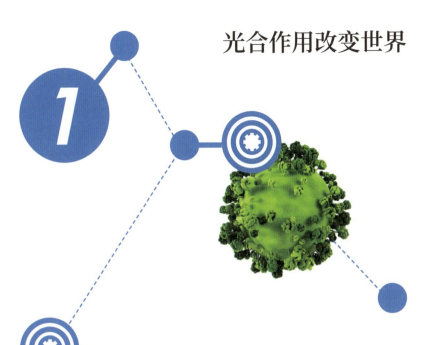

人类第一次接触火的时候是怎样的呢？火可以将周边的一切烧成灰烬，那该是一种多么可怕的存在呀。但学会使用火的人类能够借此抗寒取暖，还能保护自己免受野兽攻击。肉开始煮熟了吃，谷物也开始烤着吃。火的文明就此开启。

纵观整个生命史，还有一种"火"，那就是氧气。对于原始生命来说，氧气是威胁生命的一种危险存在，但它们仍然在学习利用氧气的同时，创造着"氧气的历史"。这就是生命史中所谓的"氧气革命"。

生命不仅仅是为了生存而被动遵从环境变化的存在，它们通过氧气革命积极对周边进行改变。生命使地球充满了氧气，充斥于海洋和大气中的氧气形成了一种叫作臭氧层的保护膜，并将陆地变为自己的新生命基地。生命这辆汽车装载了更有效率的进化引擎，逐渐壮大，越发多样，地球也脱胎换骨，变成了与相邻的金星和火星完全不同的蓝色星球。

氧气的两副面孔

虽然在生活中，我们常常会忘记身边常见事物的珍贵，但对于那些必不可少的人，我们常常会称他们为"如氧气般的人"。氧气对所有人来说都是必不可少的生命燃料。

这里我们必须要弄清楚的问题是与氧气结合，释放热和能量的氧化反应。火燃烧、铁生锈、富含氧气的血液呈鲜红色等现象，只有反应的快慢不同，实则都是与氧气结合的氧化现象。

我们的身体产生能量也是一种氧化现象。构成人体的约 60 万亿个细胞，通过血液将养分与氧气结合，利用氧化产生能量。这一过程发生在细胞里的线粒体中。碳水化合物、蛋白质、脂肪等被氧化，就会产生水和二氧化碳等副产物，同时释放能量。制造出的能量储存在 ATP（腺苷三磷酸）中待使用。氧气是生命体制造能量不可或缺的

广义上的氧化和还原

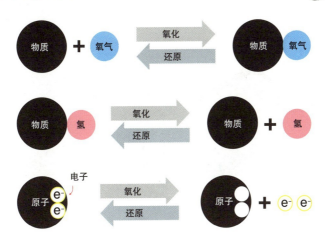

物质遇到氧气后发生反应形成的二元化合物被称为氧化物。反之，当化合物中的氧元素脱离时，就会发生还原。从广义上讲，物质失去氢或原子失去电子可以被称为氧化；反之，物质和氢结合或者原子得到电子被称为还原

要素。

那么，生命体内的氧气浓度升高会怎样呢？细胞内氧气的供应就会更加顺畅，细胞的生命活动就会更加活跃。换句话说，就是充满活力。但是，注意！若氧气浓度无限升高，稍有不慎就会成为毒药。

ATP

相当于储存能量的电池。这个电池释放能量时会变成 ADP（腺苷二磷酸），补充能量时会变回 ATP。

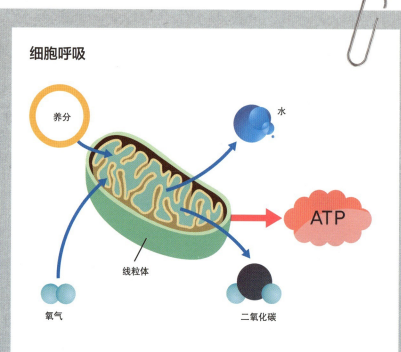

细胞呼吸

养分

水

线粒体

氧气

二氧化碳

ATP

所谓呼吸，就是生物把通过食物摄取的有机物和氧气结合，即通过氧化释放能量并吸收，同时产生水和二氧化碳的过程。在细胞内的线粒体中，供给细胞的养分和氧气结合，释放能量，这时产生的水和二氧化碳被释放出来，而制造出的能量被存储在 ATP 中。

　　包括人类在内的许多生物如果离开氧气，支撑不了几分钟就会死亡。匪夷所思的是，这样的氧气还会成为危害生命的毒药。氧气之所以会变成毒药，是因为它会把构成生物体的碳水化合物，即有机物给氧化掉。有机物一旦被氧化，其结构就会变形或遭到破坏。氧气还可以置生物于死地。出现划伤或擦伤时，你可能用过氧化氢溶液消过毒。将过氧化氢溶液涂抹在伤口周围会出现白色的气泡，这些气体就是氧气。伤口中流出的过氧化氢酶会将过氧化氢分解，并产生氧气，氧气可以发挥杀菌作用，杀死可能存留在伤口中的细菌。

基于这些事实，氧气对于生命来说并非安全，反倒可能是致命的存在。也许我们一生都在为防止身体氧化而与氧气进行无声的斗争。女性为了防止皮肤氧化，也就是老化，使用含有抗氧化剂的护肤品的原因也在于此。自生命诞生至今，生命体开发出了各种策略，以防止自身氧化。这里为大家介绍它们独创的四种策略。

如果氧气中毒，会发生什么事情？

19 世纪，随着水肺潜水开始普及，氧气的毒性也首次为人所知。起初，潜水员们潜水时背着只充有氧气的钢瓶。但在潜水过程中，肌肉痉挛或癫痫等症状时有发生。法国生理学家保罗·贝尔特认为，这种现象与氧气的浓度有关，便开始用动物进行实验。在正常大气压下，氧气浓度达到 75% 时，动物的肺部会产生严重的炎症。氧气浓度过低，结果也是致命的。英国生理学家霍尔丹受英国海军委托，着手进行水肺潜水员氧气中毒的相关实验。霍尔丹分别在不同的压力下制造不同的氧气浓度，并亲自参与了实验。借助霍尔丹的实验，英国海军成功开发出了可以防止氧气中毒的氮气和氧气的混合物（又被称为高氧气体，即 Nitrox）。此后，潜水员们就可以在更深的地方进行更持久的安全作业了。

破伤风梭菌

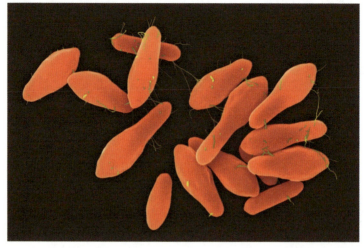

破伤风梭菌是典型的厌氧菌，伤口部位如果感染了破伤风梭菌，会出现麻痹和疼痛等感染性症状

第一，"三十六计，走为上计"。细菌中有一类尤为讨厌氧气，它叫作厌氧菌。地球上只要是没有氧气的地方，它们都能生存。它们也会在动物的肠胃中生存。不，准确地说应该是"藏"在其中。藏在人类内脏中的厌氧菌有 400 多种，约 100 万亿个（100 万亿个意味着比构成人体的细胞数量还要多）。特别是人类的大肠，那里正是适合厌氧菌生存的绝佳场所。好氧菌必须有氧气才能生

存，大肠中的好氧菌利用氧气将尚未消化的食物转变成能量。因此，大肠中氧气的浓度还不到大气的 0.1%，实际上可以看作没有氧气的状态。

第二，打造安全区域。在过着大规模集体生活的厌氧菌中，有的种类能够自我保护，创造出只属于自己的私密空间。就如同在四面八方设置了地雷，阻止敌人入侵。比如，硫酸盐还原菌会向周围释放硫化氢，而硫化氢很容易与氧气结合，生成一种叫作硫酸盐的物质，而硫酸盐又是硫酸盐还原菌的食物。换句话说，这种细菌释放出的硫化氢能够清除周围的氧气，从而形成安全区域，而副产物可以作为自己的食物，可谓一石二鸟。

第三，随身携带传感器。比如，独立生活的纤毛虫感知到氧气浓度升高，就会迅速逃离现场。这就需要能够感知氧气浓度的传感器。这种传感器就是含有血红素的蛋白质。血红蛋白在有氧处与氧气反应，并变成红色。当信号灯变为红色，纤毛虫会迅速逃向没有氧气的地方。

最后，穿上防护服。这种方法是利用黏液。独立生活的厌氧菌会

血红素

一种铁的化合物。在红细胞中，血红素与蛋白质结合，形成血红蛋白。厌氧菌将其当作感知致命氧气的传感器，但它在人体内的红细胞中充当氧气的搬运工。它拥有与氧气结合的同时改变颜色的性质。

分泌一层黏液来隔绝氧气，将自己包裹得像一个胶囊，就像螃蟹裹着一层厚厚的壳一样。

但是，不要以为这些策略只适合于十分微小的微生物。人类也使用同样的方法。我们也是藏在死亡的细胞层中生存的，也就是藏在被称为皮肤的死细胞中。人类像纤毛虫那样以血红蛋白为传感器，使体内的氧气浓度维持在一定范围。像硫酸盐还原菌一样，通过隔绝氧气的保护装置将硫加以利用，鼻孔、呼吸道、肺等用黏液把与氧气直接接触的细胞包裹起来，免受氧气的伤害。我们的身体本身也在使用独特的战略以应对危险的氧气。

原始地球上没有氧气

刚刚诞生的地球上有氧气吗？生命离开了氧气，几分钟内就会死亡，但大气中含有氧气的行星上难以出现生命体，这真是匪夷所思的怪事。若原始地球的大气中含有氧气，海洋中溶入了氧气的话，它就不会轻易放过好不容易产生的有机物。氧气如果从有机化合物中抢走电子，那么失去电子的化合物就会被分解。因此，生命的诞生也意味着诞生地是几乎没有氧气的世界。最初的单细胞生物应该就是在没有氧气的水中进化而来的，而且没有依靠氧气的帮助，便制造了能量。在无氧条件下分解有机物获得能量的过程叫作发酵。那么，最初的生命诞生时，地球的环境是怎样的呢？

20世纪20年代，霍尔丹（与进行氧气中毒实验的霍尔丹不是同一个人）与奥帕林思考了地球刚诞生时的大气层是什么样的问题。如果地球与太阳系的其他行星一样，是由岩石与尘埃相互碰撞和压缩形成的话，那么可能保有和木星的大气一样的气体。他们推测初期地球大气应该是氢气、甲烷和氨气的混合物。那么，这会不会是生命诞生的原材料呢？受霍尔丹与奥帕林的假说的影响，1953年，美国化学家米勒设计了研究生命起源的实验装置。实验结果是用构成原始大气的气体通过放电得到的能量进行化合，生成了形态简单的氨基酸。

米勒的实验展示了原始地球生命诞生的可能性。米勒之后，近来出现的理论研究再次修正了生命诞生的剧本。20世纪50年代，并未受到广泛关注的地球化学家威廉姆·鲁比提出，初期地球大气大部分是氮气和二氧化碳。随着这一主张重新被关注，生命诞生时地球大气中几乎没有甲烷、氢气和氨气的根据也被发现。

地球和月球大约形成于46亿年前。若根据"阿波罗号"宇宙飞船带回来的月岩推测月球陨击坑的年龄的话，我们的太阳系至少在5亿年间曾遭受无数次陨石的袭击。袭击大概在40亿年前到39亿年前结束。地球上最古老的沉积岩现在位于格陵兰岛西部，据推测，形成时期大概在38.5亿年前。地球诞生后连续5亿年遭受陨石的猛烈攻击，此沉积岩应该是在那之后不久形成的。

分析岩石中的矿物可以了解当时的大气构成。调查结果表明，格陵兰岛的沉积岩中含有碳酸盐。也就是说，当时的空气中应该含有二氧化碳。在格陵兰岛的沉积岩中还检测出了氧化铁成分，这是在霍尔丹、奥帕林和米勒所假设的原始地球大气环境中无法形成的。要想形成这种氧化铁，空气中一定要有非常少量的氧气。氮气是十分稳定的气体，所以很难与其他分子反应形成新的化合物。那么，氮气是通过生命活动形成的吗？这也是一个有难度的问题。最终认定，原始地球的大气如同今天一样，由大量氮气、少量二氧化碳、极少量氧气，以及其他几种气体混合形成。

那么，霍尔丹和奥帕林所假设的甲烷、氨气和氢气从一开始就不存在吗？甲烷、氨气和氢气是很轻的气体。地球刚刚诞生时的大气，可能与木星相似。虽然像木星或土星那样的巨大星球依靠强大的重力作用可以留住这种很轻的气体，但是像金星、火星、地球这样的行星情况就不一样了。这些气体很可能是在地球诞生后的5亿年、陨石纷乱坠落期间飘向宇宙的。

总之，地球刚刚诞生时几乎是没有氧气的。但是，极

米勒的实验装置

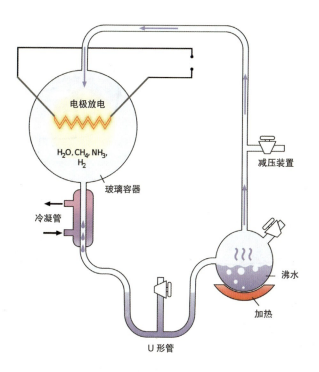

电极放电

H_2O, CH_4, NH_3, H_2

玻璃容器

冷凝管

减压装置

沸水

加热

U 形管

把玻璃容器内部设置得和原始地球的大气环境相似。容器内放入甲烷、氮气、氧气和水蒸气，用电极替代闪电和磁场。结果一种形态简单的氨基酸被制造出来，溶解了有机物的液体被收集在 U 形管里

少量的氧气对于生命的祖先来说无疑是致命的。因此，它们生活在安全的海洋中，在无氧环境中将海洋含有的有机物分解，从而获得能量。

光合作用释放氧气

那么，氧气是如何产生的，又是如何增加到如今的浓度的呢？邻近我们的金星和火星，二者的大气 90% 以上是二氧化碳。由于紫外线的不断照射，金星和火星的水被分解成了氢气和氧气。氢气扩散到太空中，氧气没有在空气中累积，而是被地壳捕获。现在，两颗行星都处于干燥荒芜的状态，地壳被氧化，大气中充满了二氧化碳，只有极少量的氧气存在。相反，地球的大气是 21% 的氧气和不到 0.1% 的二氧化碳混合而成的反应性很高（即氧化性

生命诞生的另一个剧本

让我们来看一看生命诞生的另一个剧本。德国生物化学家维希特斯霍伊泽主张生命诞生于深海的热液喷口。在大西洋海域中，横跨海底的洋中脊有会喷出硫黄含量很高的黑色热液的窟窿，所以叫它黑烟囱，也叫"黑色烟鬼"。据推测，最初生命是用各种方法从黑烟囱中喷出的硝酸盐、亚硝酸盐、硫酸盐和二氧化硫等化合物中制造能量。其中的某些生命体可能在空气中有氧气前就对氧气的毒性具备抵抗力了。就像用各种材料参照不同的食谱，做出各种美味的食物一样，根据维希特斯霍伊泽的主张，原始地球的海洋是生命变幻莫测地活用各种物质，制造出生命活动所需能量的多彩实验场。

很高）的气体混合物。但是，地球上的氧气为什么不像火星和金星一样积聚在地壳呢？这是因为地球的氧气形成速度更快。假如氧气缓缓生成，风化作用和火山活动形成岩石的速度以及火山气体的喷出速度更快的话，产生的氧气不会聚集在空中，而是会留存于地壳。如此，只有氧气生成速度快于新岩石的暴露速度，氧气才能在空气中积累。

地球上氧气的生成速度很快，是因为光合作用。在原始地球上，消除二氧化碳，制造氧气的是蓝细菌、藻类和植物。通过光合作用，植物、藻类还有蓝细菌利用叶绿素所吸收的大量光能将水分解。利用光能将水分解时产生的副产物，即光合作用的残渣，就是氧气。

在地球形成初期，最早的光合细菌——蓝细菌开始长时间大量繁殖，并使大气中充满氧气。由于蓝细菌释放的氧气，海洋可谓经历了数百万年的"生锈过程"。氧气与溶于海洋中的铁结合，形成氧化铁，沉入海底深渊。沉下去的氧化铁变成了如今为全世界提供铁矿石的铁沉积物。包含铁在内的无机物下沉后，海洋被氧气污染的过程开始了。氧气的浓度也开始升高。溶于大海的氧气很快便逃离出来，开始填充海面之上的世界。大气中的氧气含量上升到今天的水平，花费了数十亿年的时间。

如果一直只进行光合作用的话，那么作为光合作用原料的二氧化碳终会被耗尽。但是，这样的事情没有发生。事实上，可以消耗氧气的反应数不胜数。氧气既可以和海水或岩石等矿物质发生反应，也可以和火山气体发生反应。但是，如果生命体之中利用氧气呼吸的"氧气消费者"没有登场，光合作用就会停止。如今，光合自养生物制造出的氧气大部分被这些消费者消耗。它们便是动物、真菌和不进行光合作用的细菌。

因为动物、细菌、真菌不只消耗氧气，还会消耗其他生物制造的有机物，所以都被归类为消费者。消费者吸收氧气，摄取有机物，获得能量，释放副产物二氧化碳。这一作用与光合作用正相反。如果说光合作用是利用水和二氧化碳，合成有机物、氧气以及维持生命所需能量的反应，那么呼吸作用正相反，它使有机物与氧气结合，在氧化作用中释放能量，排出水和二氧化碳。

植物通过光合作用产生氧气和有机物与消费者通过呼吸作用燃烧有机物以获得能量是同一个反应。植物通过光合作用制造的氧气如果全部被消费者通过呼吸作用消耗了的话，由于没有残留，空气中氧气的浓度就不会升高。令人惊讶的是，消费者消耗了光合作用所生成氧气的99.99%。那么，大气中氧气的浓度是怎样维持在21%的呢？奥秘就在于消费者所留下的那0.01%中。

提高大气中氧气浓度的方法是：在有机物被呼吸作用分解之前，就以某种形态被埋在地下。看似微不足道的有机物以煤炭、石油、天然气等形式埋藏在地下，经过数亿年的累积，大气中的氧气浓度就升高了。也就是说，我们今天呼吸着的氧气是生产者制造的氧气与消费者消耗的氧气之间的量差30亿年持续积累的结果。

根据罗伯特·博纳的主张，现在埋藏在地壳中的碳比生物圈中存在的碳要多2.6万倍。埋藏的有机碳大部分与

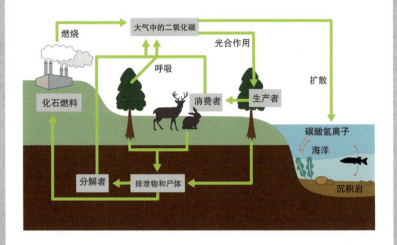

地球的碳循环

燃烧

大气中的二氧化碳

光合作用

呼吸

扩散

化石燃料

消费者

生产者

碳酸氢离子

海洋

分解者

排泄物和尸体

沉积岩

过去埋藏的有机物大部分和矿物质混合在沉积岩中，极少部分以煤炭、石油和天然气的形式存在

黄铁矿混合在沉积岩中，极少部分以煤炭、石油和天然气的形式存在。所以即使我们把地下的煤炭、石油和天然气都燃烧掉，大气中的氧气浓度也几乎只会被消费百分之几。

大气中的氧气不只通过光合作用，也可以通过其他方式形成。太阳能，特别是紫外线，即使没有生物催化剂的帮助，也能将水分解为氧气和氢气。氢气十分轻，所以可以摆脱地球的重力。但是，氧气明显是更重的气体，受重力作用而留在大气中。以这种方式形成的氧气大部分会与岩石和海水中的铁反应，永久地留在地壳中。

氧气与军备竞赛

氧气在很多方面都有巨大贡献。以食物链为例分析，终极消费者捕食小动物，这些小动物又依次捕食昆虫等，这些昆虫又以树叶或菌类为食。这种捕食其他动物的捕食活动经过五六个环节就形成了复杂的食物链。食物链的每个环节都会产生能量损失。因为不论是哪种呼吸形式，效率都不可能达到100%。实际上，有氧呼吸效率约为40%，而活用铁、硫等物质的大部分其他呼吸形式效率都不到10%。也就是说，不进行有氧呼吸时，食物链经过两个环节，能量就只剩下最初投入的1%了。而与之相反，进行有氧呼吸时，要六个环节才能达到相同的地步。可以说，多亏有氧呼吸，食物链才得以延长。

捕食行为才出现不久，捕食者与被捕食者之间的进化性军备竞赛就开始了，导致躯体变大的趋势逐渐加强。坚硬的外壳与牙齿展开斗争，伪装术掩人耳目，躯体大小对追击者和被追击者都构成了威胁。一旦形成了捕食者与被

有氧呼吸和无氧呼吸

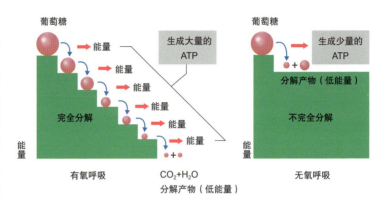

分解有机物时需要氧气参与的被称为有氧呼吸，不需要氧气的被称为无氧呼吸。有氧呼吸是线粒体利用氧气把有机体完全分解，生成低能量的二氧化碳和水。因为是经过多个阶段释放大量的能量，因此效率比较高。无氧呼吸是在细胞质里不完全分解有机物，释放少量的能量，生成乳酸等高能物质

捕食者的关系，不管是捕食的一方，还是被捕食的一方，躯体较原来都会变大——捕食者为了捕捉更大的猎物，被捕食者为了免于被捕。要想使躯体变大，必须要有支撑身体的结构。支撑动植物身体的最重要物质分别是木质素和胶原蛋白。木质素连接纤维素，形成既结实又柔软的木质部。胶原蛋白可以说是动物界的木质素。制造木质素与胶原蛋白需要大量氧气。氧气在大气中累积，合成木质素

与胶原蛋白的同时，植物可以古木参天，动物可以茁壮成长。

　　光合作用可能是进化的偶然发明。但是，这项发明产生的副产物却可以改变世间万物。生命巧妙地调节和适应着氧气的浓度，创造出丰富的多样性。后面我们再来研究具备光合作用机能，使自己体型变大的植物是如何使地球变成绿色的。

生物的大分类——三域六界

　　林奈是系统地将生物进行分类的科学家。林奈所生活的18世纪是一个各种发现层出不穷的时期。富有冒险精神的人跨越海洋，从新世界带回了各种珍贵的生物。人们给这些有生以来首次见到的动植物分别起了不同的名字。"长鼻子的家伙""长鼻子和短尾巴""愚笨的胖子"，这些都是对大象的称呼。将这些名字加以统一的人是林奈。就像给人起名字需要有名有姓一样，林奈给生物也起了姓名，并使用了西方通用的拉丁语。像写地址一样，"100号—36—天中路35号—江东区—首尔特别市—大韩民国"，他的后继者还完成了包含更广范围单位在内的"种—属—科—目—纲—门—界"分类体系。根据这一分类法，人可以这样被归类："智人—人属—人科—灵长目—哺乳

纲—脊索动物门—动物界"。

今天，林奈创造的分类法没有什么太大的变化，但分类的方式却变得更加精确了。以前是观察外观，模样相似的被归为一类，而今解剖学知识不断积累，人们开始根据内部构造区分种类了。随着古老的生物化石被发现，将动物的构造按照进化的顺序排列，我们会发现一种动物与另一种动物有某个共同祖先，从某个时候开始逐渐分化，据此可以画出生物的谱系。最近，利用基因分析可以掌握生物间具有多少共同的基因序列。共同的基因序列越多，就说明是越亲近的亲缘种。

比如，具有 ABC 基因的动物和具有 ADE 基因的动物，它们的共同祖先具有 A 基因。学者们通过这种分析总括了生命历史，绘制了所有生命的谱系图。这就是系统树，即生命之树。人类和黑猩猩的基因组有近 99% 类似，但它们是同一个祖先的不同分支。沿着生命之树向上回溯，就会遇见最初的共同祖先。

生命从最初的单细胞开始，形成了如今生物的三个域。细胞内无核膜，细胞器分隔不明的叫原核生物；用核膜将细胞器彼此分开的叫真核生物。原核生物分为细菌与古细菌（今称古核生物）两个独立的域。20世纪70年代，美国生物学家卡尔·乌斯根据对基因序列的研究提出，后两种生命是比人与蚂蚁的差异还要明显的两个不同的域。顾名思义，细菌就是普遍存在的细菌。大部分古细菌喜欢无氧环境，生活在极端环境中，因为会使人联想到地球初期的环境，所以称之为古细菌。生命被分为细菌、古细菌和真核生物三个域。人类、植物以及大多数动物都属于真核生物。虽然我们的肉眼看不到细菌与古细菌，但它们的种类、数量以及生活领域的广大简直超乎我们的想象。

细菌是具有细胞壁和一个环状 DNA（脱氧核糖核酸）的单细胞生物。说它是给地球带来了最大变化的生物并不为过。属于细菌的蓝细菌就利用光合作用改变了世界。相反，真核生物就与细菌不同，它没有坚固的细胞壁，包裹细胞的是可以自由完成与外部物质交换的薄膜。它也有保存 DNA 的核。古细菌虽然是没有核膜的原核生物，但它有着与细菌不同的细胞壁，并且从复杂程度来看，它是更接近于真核生物的单细胞生物。真核生物中虽然有像草履虫、变形虫那样始终是单细胞生物（原生生物）的生命，但在距今约15亿年前，一部分真核生物进化成了群居的单细胞生物，并且体型开始变大。从这里诞生了三个系统，即植物、真菌和动物。

植物不会移动，只在固定的场所生长，利用阳光、水、二氧化碳，生产糖，并释放作为副产物的氧气。因霉菌而为人所知的真菌，体内细长的线，即菌丝彼此缠绕纠结，形成像蘑菇和苔藓一样更大的躯干。至今人们还不清楚真菌是如何形成这样的躯干的。观察真菌的基因序列可以发现，比起植物，它属于更接近于动物的微生物。而且，从细胞的角度来看，它进行的是一种特殊的有性生殖。它们将死亡生物的身体分解，使其可以作为养分被其他生物吸收，既是大自然的清道夫，也是分解者，但不具有什么活动性。最后，动物靠自己的力量移动，以植物或其他动物为食。

三域六界

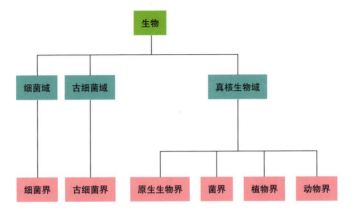

1735 年，林奈把生物划分为植物和动物两界；1977 年，卡尔·乌斯首次定义了古细菌，并把分类体系整理成三域六界

就这样，生物分为细菌域、古细菌域和真核生物域，真核生物又分为原生生物界、菌界、植物界、动物界，再加上细菌界、古细菌界，如此分为"三域六界"。

生命的种子不会来自地球之外吗？

关于生命起源的另一种主张是近来提出的有生源说。它主张的是生命的种子从外星落向地球，形成了生命体。有生源说的起源可以追溯到古代哲学家阿那克萨戈拉。"panspermia"中"pan"的意思是"all"（各处），"spermia"的意思是"seed"（种子）。也就是说，生命的种子如同蘑菇的孢子散落于宇宙各处，只要遇到合适的环境，宇宙中哪里都可以出现生命。这与"地球是宇宙中唯一存在生命的特殊存在"这一观点截然不同。

直到获得诺贝尔化学奖的瑞典化学家阿伦尼乌斯提出，地球之外的生命种子飞向地球，成为生命的起源。这一理论的提出成为科学界真正对有生源说展开讨论的开始。之后发现DNA分子结构的弗朗西斯·克里克说明了生命体不可能在地球自发产生的理由，并进一步阐释了外星的高智商存在将孢子带来地球的假说。乍一听像是科幻小说一样的有生源说很难得到科学的验证，很多人批判它只是建立在假设基础上的主张。但最近宇宙生物学领域开发了新的研究方法，有重大意义的成果大量涌现，有生源说也一跃成为有关生命起源学说的不可忽视的主张。

科学家调查了坠落在地球表面的陨石，发现了各种蛋白质分子。从月球带回来的月岩以及彗星碎片也是一样，它们与米勒的实验中生成的蛋白质基础物质相似。在宇宙恶劣的环境中仍然没有分解的生命基础物质可能是通过陨石和彗星到达地球的。

有没有可能是生命体自己从宇宙的某个地方掉落到地球的呢？某些细菌和古细菌在我们无法想象的恶劣环境中仍然可以存活下来。美国国家航空航天局发现在月球上设置的望远镜表面偶然沾到了细菌，它们在几百摄氏度的温差以及致命的紫外线中仍然能存活。2008年，欧洲航天局进行了一项实验。他们将细菌、各种种子、地衣类和藻类的样本附着在空间站外部，并放置18个月。它们真的可以存活下来吗？令人惊奇的是，生命是坚不可摧的，地衣类活了下来。地衣类在宇宙恶劣的温差和太阳紫外线无情的攻击下，仍旧展现了顽强的生命力。那么动物呢？ 2007年9月，欧洲航天局将两种叫作"水熊"的小型微生物送往空间站，在太空中暴露了10天。水熊也在恶劣的宇宙环境中存活了下来。

提出有生源说的另一个理由是相对于生命的出现，地球显得还太年轻。据估计，最初的生命出现于约38亿年前。但是，从距今46亿年前地球诞生到39亿年前，地球一直经受着无数陨石的袭击。而且直到那时，地球表面还是一片滚烫的熔岩海。如果说在慢慢冷却的地球表面，降水后地势低洼的地方形成了海洋，为生命的产生提供了基地的话，那么生命最终是在39亿年前到38亿年前诞生的。从非生物到生物诞生的伟大历史上，最为宏伟的大事件之一却是在短短1亿年内发生的？现在很多科学家普遍认同，这种可能性微乎其微。我们真的起源于宇宙吗？

植物的进化

有一部动画电影叫《天降美食》，讲的是科学家为解决食品供应问题，在一座岛上制造了一台能把水变成食物的机器，从此各种食物便从天而降的故事。第一个想出这个新颖题材的人说不定非常留心地观察过植物。

从植物的立场上来看，阳光就是天降美食。生命具有活体电池 ATP。能量全部用光后就成了 ADP，充好能量又变成 ATP。植物利用阳光通过光合作用为 ADP 充电。光合作用在叶绿体中发生，叶绿体中有一种很小的颗粒，叫叶绿素。叶绿素吸收了光能，就像剥开橘子取出橘子瓣儿一样，从水中分离出氢气。这时取出橘子瓣儿后剩下的皮就是氧气。氢气是能量生成过程中最为珍贵的原料。氢气再次与氧气反应变成水的同时，会释放能量。植物虽然也会马上利用释放出来的能量，但为了日后考虑，更多地会将能量保存起来。将氢气放入二氧化碳中，会产生糖分与淀粉。植物会将糖分与淀粉储藏在粮库中，添加少量的铁、磷、硫等，用于培育自己的躯体。植物获得阳光、二氧化碳、水，还有少量的铁、磷、硫等无机物，利用惊人的光合作用，生产着维持生态系统运转的大部分能量。

那么植物是如何诞生的呢？生活在海洋里的植物登陆之前，都经历了怎样的变化呢？植物与其他生物通过怎样的关系来维持生态系统平衡的呢？从现在开始，我们来探寻植物诞生与进化的历程。

植物的诞生

进行光合作用的生命体的登场，是生命史中屈指可数的惊人事件之一。光合作用诞生之初，吸收阳光、自行产生能量的单细胞生物被体积比自己大的单细胞生物吸入体内，不，是被后者吃掉。被吸收的光合作用生命体为大生命体提供能量，大生命体为光合作用生命体提供所需营养，形成了最初的共生关系。这个光合作用生命体就是现在的叶绿体，吸收了光合作用生命体的大生命体就是植物的原始形态。

基础的植物原型虽然已经形成，但仍然只是一个单细

水母群体

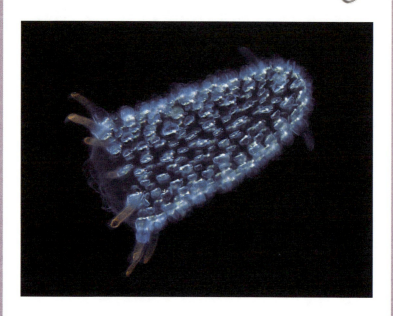

如果水温变化，生存条件变差，水母就会集结成群，有时群长超过 30 米。群体前端的水母起到头部作用，末端的水母发挥尾巴的作用，中间部位相当于生殖器

胞。细胞内没有核膜来分隔细胞器的原核生物逐渐进化为有核膜的真核生物，同时变大了不止 100 倍（最大的甚至肉眼可见）。光是出现核膜、体积变大的过程就已经是十分不易与伟大的进化了。这一变化发生在距今 21 亿年前 ~ 16 亿年前。数亿年间出现这一新的生命形态可以算

是一种革命了。林恩·马古利斯和卡尔·萨根曾说，原核细胞和真核细胞的区别"就好像是莱特兄弟的原始飞机出现后一周左右，今天的最新型飞机就出现了"。

之后生命的历史维持了一段时间的沉寂。就这样过了10亿年后，细胞和细胞之间进行了联合，多细胞生物便登场了。很多细胞有机地进行沟通与协作并非易事，开始时可能类似于群体而非一个生物。水母现在有时还以群体为单位生活。群体不是多个生物单纯地成群行动。在难以生存的环境中，数百乃至数千只水母会紧贴在一起形成一个整体，像一个生命体一样移动。这一巨大的生命体在海中悠然漂游，寻觅食物并繁殖。若生存条件好转，它们便解体，像从未在一起过一样，回到各自独立的生活中。

像海带这样在海中生活的藻类结群而生的现象与植物的原型类似。藻类虽然属于真核生物这一发达的生物形态，但它无法被归为动物和植物（虽然有些藻类同时具有动物和植物的特点），所以被分类为单细胞原生生物。像海带这样大的生物说它是单细胞生物，乍一听很难理解，但是把海带看成和水母一样，是由成群的单细胞藻类组成的巨大集合体就可以了。

一直生活在大海中的藻类基本上都具有绿色的光合色素——叶绿素，但因为还有辅助色素，所以颜色独特。

根据颜色，我们把它们分为褐藻、绿藻和红藻。藻类没有叶、茎、根之分，海带和裙带菜长得像根的部分也只起到了将藻体固定在海底的作用，它们的根部并不像陆生植物一样会吸收水和养分。而且藻类没有维管束，而是用几乎整个藻体来吸收水分。学者们推测，植物这一独立的界就是从生命之树上的藻类延伸出来的。

藻类的大小多种多样，有的像海带一样长达十几米，有的小到无法用肉眼观测。漂浮在海中的十分微小的生物叫作浮游生物。硅藻、小球藻等浮游生物作为极富潜力、营养满分的食物和生物燃料名声大噪，偶尔也作为引起赤潮现象的主犯而见诸报端。在藻类中有一种涡鞭毛藻，它可以自己进行光合作用产生养分，还可以利用像长鞭一样的尾巴，即鞭毛，像动物一样移动，同时捕食猎物，摄取有机物。这样的生物被称为混合营养生物。

生物燃料

指谷物、树木、海藻、厨余等通过热分解或发酵产生的能源，比起化石燃料，生物燃料排出的二氧化碳比较少。

赤潮现象

特定的某种藻类爆发式繁殖，海水或江水被染成红色的一种现象。

征服陆地

绿色植物离海登陆也是生命史中值得瞩目的大事件之一。多细胞生命体离开海洋转而生活于陆地这一事件，借大卫·克里斯蒂安的话说，"就如同（人类）移居到其他行星一样"。卡尔·萨根曾说，对于曾以海洋为家园的生命来说，陆地就是"可怕的太阳与猛烈的狂风并存，没有浮力的地狱"。

那么谁是最初登上大陆的哥伦布呢？已知最为古老的陆地植物化石是莱尼蕨。莱尼蕨存在于古生代志留纪（4.43 亿年前~4.19 亿年前）末期左右。据推测，虽然在水中扎根，但它具有维管束的茎挺立于水面之上，并利用孢子繁殖。但学界至今对于最初的陆地植物是什么仍然众说纷纭。有人主张地钱和其他羊齿植物（今称蕨类植物）先于莱尼蕨登陆，还有人主张菌类和藻类的共生体地衣类应该是最先登陆的植物。

海洋之所以能成为生命的保育箱有几个原因。首先，在水中可以减少紫外线带来的伤害，而且较之陆地，水温变化不大，安全而稳定。其次，海洋能轻松提供生命所需的水分。相反，陆地对于生命来说环境险恶，难以生存。既然如此，那植物为什么还是登上了陆地呢？可能是发生

陆上植物莱尼蕨

具有维管束的陆上植物莱尼蕨的化石（左）和模拟图（右）

了不得不离开舒适环境的状况，也可能是为了维持偶然发生的变化而迫不得已。不管怎么说，这都是生命为了适应与生存而进化的过程。自然选择是生物在自然条件下偶然发生变异，适者生存，不适者淘汰的现象，而不是对未来做好规划后产生的。

关于植物登陆，最接近真相的说法是因为陆地植物的祖先所生长的池塘和江河曾有过干涸期。最初藻类持续数年生长在潮湿的沼泽、泥地、浅潭、水洼边。可是，不知从什么时候起，池塘和江河开始干涸，只有在水分不足的环境中仍然存活下来的个体还在继续繁衍。存活下来的个体可能是粉芽、共生的霉菌，也可能是孢子。粉芽和孢子在干燥的环境中也可以存活，并且可以随风飘扬，所以很容易去到远方。随风飘动的小孢子跨越广阔的地域，向四方扩散，运气好的话会落在池塘或潮湿的沼泽，开始新的生活。各式各样的孢子印迹也出现在了 4.1 亿年前的化石中。

粉芽

进行无性生殖的地衣类使母体的一部分脱离下来用以发育新的个体。脱落的那一部分就叫作粉芽。

孢子

不需要与其他生殖细胞结合，自己就可以繁殖的"种子"。

植物进化

具有维管束体系的茎

在植物适应陆地生活的过程中，还有一个系统起到了重要作用，那就是把水分从根部输送到叶片进行光合作用的维管束系统。维管束内部中空，由具有厚壁的细胞组成。这些细胞就如同建筑物的支柱一样，支撑植物竖直向上生长。形成这些细胞的就是自然界制造的钢筋、混凝土——纤维素和木质素。

尽管莱尼蕨扎根在水中，但仍然依靠维管束，朝天挺立。最初的陆地植物将维管束系统与气孔各自安排在需要的位置，用混凝土般的木质素保证构造坚固、垂直生长、直冲天空。

之后，为了在细胞内部和外部添加新细胞，植物进行了革新，配备了可以持续分裂的分生组织，即形成层。形成层有两个作用，一个是形成更粗的茎来承受自身重量，另一个是形成连接管，将水和营养输送到渐渐变粗变大的叶和茎中。

植物的根逐年变粗，根部的维管束组织也在不断壮大，以增强支撑自身的力量。所以，3.75 亿年前，树木可以笔直地生长超过 30 米，于是终于出现了地球表面最初

维管束

导管部：导管是根部吸收的水和无机盐向上输导的通道，导管部由很多导管构成。

筛管部：筛管是输送叶片进行光合作用产生的有机养料的通道，筛管部由很多筛管组成。

筛管

导管

形成层

形成层：导管和筛管之间的分生组织。形成层不断分裂细胞，使茎和叶变粗变大。

植物茎中的导管、筛管和形成层构成维管束系统。形成层里的细胞由纤维素和木质素构成，可以支撑茎干垂直向上生长

的森林。现在的羊齿类是早期维管束植物的后代。属羊齿类的桫椤（又称树蕨）高度可达30米。细长的桫椤有着宽而雅致的叶子，虽然现今只能在气候潮湿的热带雨林地区看到它们的身影，但它们与活在约3亿年前的植物是非常相似的。

将水和养分从大树根部拉升到最高的叶子处，本身就是件令人惊奇的事。2013年，韩国研发出可以将水喷射约68米高（约22层楼高）的消防车。之所以需要动用最

龙门寺银杏树

韩国最古老的一棵树。高约 60 米，距今有 1 000 多年的历史。相传，新罗的末代王子麻衣太子怀着亡国之痛隐居金刚山，他把当时拄的拐杖插在了地里，结果拐杖活了，变成了今天的这棵参天大树

尖端的技术才能将水拉升到这么高，要归咎于重力作用。而大树可以将数百升的水拉升到数十米高的地方，到底是怎么做到的呢？

水的内聚力（相互吸引力）比其他任何液体都要强。

植物的供水系统

如果水从叶片气孔蒸发的话，上部枝干部分的水压就会降低。相对地，根部的水压就会升高，水就会上升。就好比用吸管从杯子里吸水一样

这是因为水分子本身带电，可以产生静电力。植物的茎内有可作为输水管的十分细小的导管，它从地下的根一直连接到枝头的叶。输水管内的水分子如果没有受到强压的话，就不会分解成单个的水珠，而是形成水柱。若水在叶

片气孔处蒸发，水柱上方的压力会减小，即以输水管为基准看的话，上方的压力减小，下方的压力增大，形成压力差。输水管两端的压力差将整个水柱向上拉升，就好像用吸管把杯子里剩的果汁吸上来一样。这时水分子间相互吸引，使其不会散乱。虽然水柱的运动给管壁造成了巨大的压力，但木质素形成的管壁十分坚固，完全可以承受。

根的作用

叶子和树枝为了接收更多的阳光而向上生长，同样，根部为了吸收水和养分也会向下延伸。根部长出的根毛和须根会吸收土地里的水。吸收的水分会通过茎部的导管和叶脉输送到各个部分。在十分缺水的沙漠里，植物为了触到地下水而将根部深扎地下。有的植物的根比树干还长，比树枝伸展得还广。

植物为了长高，需要可以承受高大身躯的构造。尽管纤维素和木质素形成了十分坚固的茎部，但支撑植物使其不倾倒的还是根部。一般粗壮的根部会竖直向下深扎。遇到坚硬的基岩时，树根会向侧面延伸，并以此为支撑。

吸收水和养分的任务由须根和根毛负责，它们细如长线，盘根错节。要想在根毛处吸收养分，需要菌类，即真菌的帮助。菌类紧贴植物的根毛，并钻入内部，在根部用十分纤细的菌丝织成一张大网。包裹根部的网可以钻入根

菌根

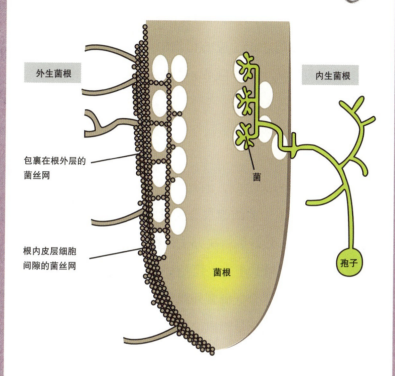

外生菌根

包裹在根外层的
菌丝网

根内皮层细胞
间隙的菌丝网

菌根

菌

内生菌根

孢子

菌根是真菌和植物根系形成的共生复合体，分为外生菌根和内生菌根。
外生菌根的丝状菌丝如网一样包在根的外部，内生菌根生在根的内部
形成菌枝，孢子露在根外。菌根从土壤里吸收无机物提供给植物，植
物向菌根提供养分，二者形成共生关系

毛到达不了的地方。有时，它会与树根部的其他真菌相遇并结合，有时，整个森林都由真菌织成的网连接着。这就是菌根，能在与之相适应的植物根部形成菌根的真菌叫菌根菌。菌根从土壤中吸收植物必需的水分，并输送给植物。

叶的生存法

植物登陆的那一刻，遇到了在水中时无法想象的问题。暴露在空气中的细胞水分大量蒸发，变得异常干燥。为了防止蒸发，最好的解决办法是在表面涂蜡。观察山茶花就可以发现其叶片上有一层蜡。蜡层的功效不仅仅是防止水分蒸发，它还会抵御紫外线和微生物的攻击，保护内部免遭分解细胞的化学物质的侵害。

但是若表面全部被蜡覆盖，也会产生新的问题。因为想吸收光合作用所必需的二氧化碳，湿润的细胞表面就必须暴露在空气中。这就成了矛盾——为了生存，叶片表面不能与空气接触，又必须与空气接触。植物是怎样渡过这一难关的呢？经过一段时间的进化，陆地上的植物开始出现水中植物所不具备的气孔。

植物利用叶片进行光合作用，吸收二氧化碳，释放氧气。但是，叶片如果出现水膜的话，气孔就会被堵塞。对

叶片的气孔

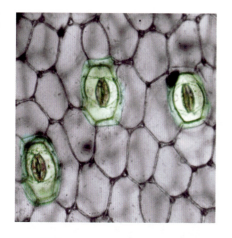

嘴唇模样的气孔。用显微镜观察叶片背面,会发现无数嘴唇模样的细胞,这些就是气孔。植物通过气孔完成气体交换

于植物来说,无论如何都要有能去除水膜的清洁装置。大家应该都见过莲叶上圆润玲珑的水珠吧。即使将莲叶浸水捞起,它也不会被浸湿。将莲叶放大 100 万倍,会看到像压花手纸一样密实紧致、排列有序的突起。正是这些细小突起不让掉在莲叶上的水珠渗入叶片内部。也就是说,水珠是浮在莲叶上面的。为了保持自身形状,即使有一丝风吹草动,水珠都会滑落,并且连同叶片上的灰尘一起带走。所以,水珠擦除灰尘的效应叫作"莲叶效应"(又称荷叶效应)。将其善加利用,不就可以做出不用人工清洗的汽车了吗?事实上,人们正在根据莲叶效应开发新型汽

莲叶上的水珠

水由于其表面张力强，会在莲叶上保持圆形水珠的形态。触碰水珠的话，它会滴溜溜地和其他水珠融合成新水珠。此时叶面上的灰尘也随之被清洗掉

车涂层剂。

　　由于叶片上的突起，水珠顺着叶脉聚成一股，向下滑落。很多非常实用的排水系统都做成了各种植物叶脉的模样。路边常见野草的叶脉又窄又长，呈平行线状。柿子树

的叶子又宽又薄，中间的柱状叶脉均匀地向四方伸展。像睡莲这样的水生植物的叶子呈圆形，浮在水面。

虽然解决了水分的蒸发和呼吸问题，但登陆的植物又遇到了另一难关。与水温几乎不变的大海不同，陆地的气温变化对植物来说简直是灾难。土地冰冻时，就很难吸收地里的水分，叶片细胞还会面临被冻死的危险。白昼变短后，也很难制造充足的养分。为了适应这样的环境，橡树、榆树、桦树、枫树等都选择了将叶片中珍贵的叶绿素回收到茎中的方式。叶绿素流失后，一年之中积累的其他物质，例如其他色素开始发挥作用，于是叶片呈现出华丽的颜色。秋季枫叶和其他落叶的华丽颜色便是一年时间留下的痕迹。

水分的吸收率下降，叶片的水分供给便也中断了。叶片干枯之后，一直连到茎部的导管也随之断开，叶柄下方的细胞形成了容易断裂的木栓质。寒风刮起，叶子随风飘落，落叶漫天飞舞。掉落在地上的叶子分解后被埋入土地，到了第二年春天，又被根部吸收，再次成为大树的一部分。

植物在寒冷与干旱的恶劣环境中开始了生存。针叶树的叶子外形像针，外皮很厚，并含有蜡。蜡是阻止树叶上冻的防寒服。另外，针叶树的叶子上凝结的水分少之又少。虽然针状叶片不能像宽叶子那样生产很多养分，但可以不用担心冬天会脱落。得益于针叶的构造，在冬天，即使阳光照射的时间短，针叶树也可以制造养分，继续生存。

种子的旅行

登上陆地的植物需要开辟与以前完全不同的繁殖方式。当然，也有植物直接沿袭了过去在海中生存的祖先们的传统方式。直至今日，苔藓类和蕨类在受精的时候仍然需要水。和动物的精子一样，苔藓类的精子也有尾巴，要在水中游向卵子。所以直到现在，苔藓类还是离不开水分充足的湿地。

但是，生命的时光宝盒诞生了，在没有水的地方让植物也可以落脚的，就是种子，种子是包含所有功能的生命之卵。一颗小小的种子，里面包含了作为植物正常生长所需的全部遗传信息，以及落地后破土而出所需的营养物质。虽然扎根在土地里的植物不能自由运动，但种子可以散落到遥远的地方。

很多种子借助风来移动。菌类的孢子很轻很小，可以随风飞翔几十千米。但是蒲公英的种子就要重得多了，要想随风飘扬的话需要特殊的装置。所以，蒲公英的每个种子都带有可以自由飞翔的"羽毛"。蒲公英的花瓣凋落，几天过后带着"羽毛"的种子就会变成球形，风一吹就

种子的旅行

花粉是通过减数分裂产生出的雄性单倍体（n）。雌性单倍体（n）缩得非常小并附着在母体植物的子房里。子房为受精的结合体（2n，即受精卵）提供生长所必需的养分，成熟后就成为种子或果实

向四方飘散，旅程远达几十千米。到了5月，柳絮漫天飞舞，犹如飘雪。柳树、白杨等植物的种子和蒲公英的情形类似。

有的树会利用自己高大的树干。因为高，种子掉落时可以在空中停留很久。比如，枫树的种子有滑翔翼一般的

"翅膀"，种子从树上掉落时，飘悠着螺旋式盘旋，如同滑翔机飞翔。枫树种子的重量、"翅膀"的长度和宽幅的绝妙均衡，连航空专家都觉得简直是精妙绝伦。

还有一些植物需要动物的协助。比如，黄连就要依靠蚂蚁。黄连的种子属于油质体，味道香甜，可以引诱蚂蚁。蚂蚁并不在原地吃，而是将其拖到某个地方，只吃油质体，将其余部分扔掉。于是种子就在新的地方萌发了。

生长在非洲的刺槐和那里的大象是被吃与吃的关系，但是这种关系也有非常奇妙的一面。飞蛾将卵排在刺槐的

花中，破卵而出的幼虫会把花房里的种子都啃食掉。如果不阻止的话，幼虫会把种子吃个精光。意外的是，刺槐得到大象的帮助，躲过了危机。大象在食用刺槐叶的同时，也会将种子一起吃掉。这时，寄生在种子里的幼虫也一并落入大象腹中。在消化的过程中，幼虫被消灭了。大象的肚子就相当于消毒柜。跟随大象一起走了很远的刺槐种子，随大象的粪便一同被排出，重回外部世界，就地萌芽生长。

除了这些方法外，大多数种子依然依靠水来移动。就算种子体积很大，水也能将其运送到他处。椰子的果实具备进行长距离旅行所需的所有物质。它将种子放在充满营养的果肉中，再用坚硬的外壳包裹住。生活在亚马孙的亚马孙海豆是比椰子还厉害的远足者。亚马孙海豆的果实

乍一看十分像豆荚，但体积庞大，长达 1.2 米。当果实成熟时，绿色的软皮会变成木质，重量增加，不定什么时候就会"啪"的一声掉到河里。果实经过几十千米或是几百千米的长途跋涉到达河口，流向大海。随着海流漂浮在海面时，虽然果实的外皮会有部分脱落，但种子可以在水面上安全漂游。更有甚者，从加勒比海出发的果实顺着墨西哥湾流可以到达数千千米之外的欧洲大陆海边。

花的诞生

其实，要想了解种子和果实，首先应该说说花，因为花是植物进化的结晶。陆地植物进化的最后一步革新——花，从 1.3 亿年前开始到 1.2 亿年前频繁出现在化石记录中。有学者在中国东部地层发现了一块 1.2 亿年前恐龙时代的植物化石。这个 25 厘米长的植物看起来像是介于羊齿植物和海草之间的某种植物。尽管它没有花瓣和花萼，学者们还是认定它属于开花植物，并将它命名为"古果"。

植物为什么会开花呢？原因在于交配。花是生殖装置，作为精子的花粉和卵子在子房内部结合。受精后的卵细胞经过分化开始形成受精卵。受精卵附着在能量丰富的子房中，开始孕育新的生命，也就是种子。从这个方面来讲，依靠花传宗接代的植物与动物没什么不同。

古果

古果的复原图（左）。在中国发现的古果化石（右），长约 25 厘米，是现有植物分类里没有的新物种

为了受精，花粉必须要到达有卵子的雌蕊。像松树这样的裸子植物，虽然开花，但并不艳丽。通常利用风来搬运花粉的植物都开不显眼，甚至看不出来是花的小花。但是负责捕捉随风飘扬的花粉的雌蕊柱头却有着十分精致的结构，而且常呈梳齿状。玉米的雌蕊柱头格外大，玉米须便是玉米的花柱和柱头。

为了让搬运花粉的动物，特别是昆虫发现自己，花会开得非常华丽。但是像谨慎的雌孔雀一样，蜜蜂也是挑挑拣拣、十分苛刻的媒人，所以花要先用颜色来宣传自己。蜜蜂的眼睛能感知人所不能感知的紫外线。用紫外摄像机来拍摄花，会发现虽然区分不出花瓣的颜色，但蜜蜂能看到我们人眼看不到的花纹和斑点。对于蜜蜂来说，花瓣上的花纹就好像飞机着陆时引导方向的跑道灯光，因此蜜蜂可以准确地落在有花蜜和花粉的花朵上。

花瓣的形态和花纹也是蜜蜂选择花的重要指标。在自然界，对称性能准确表明植物外形结构的完美，能体现植

达尔文的性别选择理论

达尔文认为，动物若带有不利于生存的性状，很难在自然界存活下去。而雄孔雀却长着不利于生存的华丽尾巴，这一现象仍是个不解之谜。达尔文研究了雄孔雀在雌性面前华丽开屏，以及摇摆起舞的行为后发现，动物是为了在交配中选择质量更好的异性，才将不利于生存的尾巴弄得更华丽。这就是性别选择理论。在达尔文的性别选择理论中，交配有两个好处，因此进化才得以发生。第一，同性竞争中胜出的个体可以交配，然后留下更多的后代；第二，让异性感觉到自己魅力的个体才可以交配。也就是说，同性个体中越是优秀的个体，后代就越多，进化便得以进行。雄孔雀晃动尾巴会让尾巴上的羽毛看起来更长、更华丽。因为与竞争者相比，雄孔雀的羽毛是优势地位的标志和健康的象征。

物的健康。因为对称性很容易由于突变和受到环境影响而遭到破坏。花也会通过对称性来显示自己的健康，为自己做广告："来我这儿可以尽情享受美味的花蜜和花粉。"就如每个人的喜好不同，不同的蜜蜂对对称美的评判标准也不一样。蜜蜂喜欢辐射对称的雏菊、三叶草、向日葵，而熊蜂却喜欢左右对称的兰花、大豆、洋地黄等。

为什么众多生命体雌雄相遇就会繁衍后代呢？生存环境存在着很多令人头疼的问题，比如寿命长短的问题，病原体与寄生生物飞速进化的问题，等等。而有性生殖可谓应对这些问题最为有效的方法。无论是植物、其他动物，还是人，威胁种族生存最为严峻的问题就是细菌、病毒、霉菌和寄生生物引起的问题。它们总是朝着最适合攻击其他物种的方向进化。传染病的病原体在不断进化，那么唯一的应对方法就是发展充满活力的遗传体系。由于自交以及近亲交配无法使后代呈现多样性，所以同种间会通过远亲交换基因来保证遗传多样性，从而确保自己在生存中处于有利地位。

所以花有防止自交的系统。当花粉安全地到达雌蕊柱头上时，花柱就会开始发育出向下延伸的花粉管。花粉内的精子会通过花粉管进入，到达卵细胞所在的子房，之后与卵细胞相结合，这个过程就是受精。假如其他物种的花粉颗粒到达雌蕊柱头会怎样呢？什么事情都不会发生。可

植物的自交不亲和性

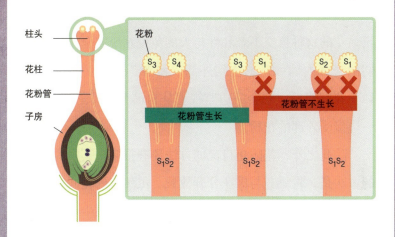

柱头
花柱
花粉管
子房

花粉

S₃ S₄

S₃ S₁

S₂ S₁

花粉管生长

花粉管不生长

S₁S₂   S₁S₂   S₁S₂

自己的花粉（S_1，S_2）如果落在雌蕊（S_1S_2）上，花粉管就不会生长，授粉就失败，如果是其他同类植株的花粉（S_3，S_4）落在雌蕊上，花粉管会持续生长，完成授粉

以把植物的受精比喻成锁和钥匙，花粉颗粒必须落在同类的雌蕊柱头上才行。花粉颗粒会释放一种化学信号，雌蕊收到这一信号，会向花粉发出"继续"或者"停止"的信号。这就是花粉与雌蕊之间的沟通。花粉落在同一朵花的雌蕊柱头上时，也是类似的系统在起作用。这就叫作"自交不亲和性"。

若是自己的花粉落在雌蕊柱头上，它会向雌蕊发出一种化学信号。这样一来，自交不亲和系统就会启动，雌蕊柱头接受花粉的系统会关闭，花柱内部的花粉管便不生长。花的这种自交不亲和性与人的免疫系统完全相反。我们的身体内部一旦感应到外部入侵者，便会立即将其破坏。花却相反，它会一边监视着从自己身上掉落的花粉，一边接受外部的花粉。

除此之外，花防止自交的方法还有很多。其中最简单的方法是，将雌花与雄花分开放置。虽然有的花同时具有雄蕊和子房，但实际上只有一个发挥作用。只生产花粉的就成为雄花，如果子房发挥功能就只能成为雌花。这种花叫作"功能性单性花"。

有的花可以通过调控成熟时间防止自交。比如，在雌蕊和子房完全成熟之前，使花粉先成熟，并将其抛撒出去。而同种花中，有的花则正好相反，在自己的花粉散播之前，雌蕊和子房先做好了接受花粉的准备，完成受精。有的花则是把接受花粉和散播花粉的时间分别设置在上午和下午。

樱草会开雄蕊和雌蕊长度不同的两种花。樱草花中的一种，其雌蕊会高出花瓣，而雄蕊的长度却短得还不到雌蕊的一半。另外一种正相反，雄蕊高出花瓣，而雌蕊却很短，位于花瓣底部。如果昆虫落在了雌蕊短雄蕊长的花上，为了寻找花蜜，它需要深入花中，这样花粉

长柱花和短柱花

樱草开两种花，一种是长柱花，雌蕊比雄蕊长，立在花瓣的上方（左）；一种是短柱花，雌蕊缩在花瓣里面，雄蕊更长（右）

就沾在了蜜蜂的腹部。当这只昆虫再落在同一种类的其他花上时，腹部的花粉虽然不能触及短的雌蕊，但它在雌蕊长的花上寻找花蜜时，沾在肚子上的花粉就会涂在雌蕊柱头上。

还有一种方法，就是将花的构造变得更精巧。这种花中虽然供昆虫落脚的部分很宽，但管型花冠的入口通常非常窄，并且呈双向对称性。一般长长的雌蕊会迎接沾上花粉的昆虫。雌蕊的柱头挂在花柱的顶端，昆虫为了吸食花蜜，会挤进花内，从而将身上的花粉抹在雌蕊的柱头上。在它吸食花蜜时，这朵花的花粉又会沾满全身。

共生

植物叶子中产生的淀粉和糖分，对于动物来说也是十分不错的食粮。所有的动物最终都依赖于植物制造的能量。虽然从植物的立场上来看，这是一种掠夺行为，但是扎根土地的植物是无法躲避这种掠食者的攻击的。对于植物来说，最常见的掠食者就是昆虫。在夏季的森林中，数十亿只昆虫不分日夜啃噬着植物宝贵的叶子。甲虫和蚜虫把针尖般的嘴扎进叶脉，吸食着植物的汁液。幼虫啃噬着嫩芽，然后钻进花苞中。对于食草动物来说，植物是它们的主要食物。在食草动物的胃肠里生活着能够将纤维素分解成葡萄糖的细菌。得益于这些细菌，食草动物很容易以植物为食。

植物习得了自我保护的方法，动物们也试着瓦解植物的防御，升级确保获取食物的方法。这种矛与盾的较量异常精彩，比如，年幼的刺槐又矮又宽，像个圆疙瘩。各种食草动物看到刺槐，都想跑来吃它的叶子和新芽，可是根本够不到里面的叶子和新芽。等刺槐长大了，会长得很高很高，让动物只能吃到外部树枝上的叶子，根本够不到自己的中心部位。在防御的过程中，中间的茎部慢慢长到了动物们触不到的高度。摆脱了普通攻击的刺槐中间的茎部终于形成了塔形的中心。茎部渐渐变粗，大树的能量也从下面的树枝输送到上面的树枝。当刺槐长到动物们怎样伸长脖子都够不到的高度时，下方的枝丫就渐渐消失了。

生长在非洲的刺槐带有尖锐的长刺，不仅非常坚硬，而且数量多，所以深受食草动物痛恨。但是，长颈鹿不畏那些刺，它可以用长而柔软的舌头将新芽吃个干净。由于长颈鹿唾液黏稠，舌头和嘴唇上还有坚韧的角质隆起，即使嚼到刺也不会受伤。尽管硬刺这一防御线被攻破，但刺槐也没有坐以待毙。它的叶子还会生成一种十分难闻的化学物质，并通过气孔排出。周边 15 米内的其他刺槐感知到这一变化，也会同样在叶片上合成毒物，不断传递的危险信号就这样在不知不觉间构建了共同防御系统。刺槐的叶片上产生了毒物，也就不再是什么美味的食物了。

植物与其他生命不仅仅是竞争与斗争的关系，它们也会为了生存而互相协作，共同生活，共同进化。让我们来看看牛角刺槐与蚂蚁之间的亲密关系吧。有的蚂蚁生活在刺槐的巨刺中，蚂蚁们饮用刺槐蜜腺分泌的甜水。这种褐色的黏液富含蛋白质和各种营养，它像聚宝盆一样，永不枯竭。蚂蚁不用去别的地方觅食，光靠刺槐提供的食物就足以安度余生。况且，刺槐还为它们提供了生存家园。巨刺的空心可以让蚂蚁安心居住，繁衍后代，是它们完美的安乐窝。

但这一切都不是免费的。实际上，这种恩惠是牛角刺槐为蚂蚁支付的一种报酬，因为蚂蚁一直承担着守护刺槐的重任。虽然有无数的动物都想享受刺槐美味的蜜汁和鲜美的叶片，但稍一靠近就会因遭遇蚂蚁们不分青红皂白的攻击而溃退。蚂蚁和刺槐之间的共生关系可以持续15～20年。一般蚁后死后，蚁群就会消失，失去守卫的刺槐很快就成为其他动物的美餐。

像这样不同物种之间互相影响并共同进化的现象叫作协同进化。红皇后假说就是协同进化的一个典型例子。一方制造了矛，另一方就会制造盾，于是构成攻防体系，这一过程不断反复，从而形成进化的军备竞赛。

但这并不是全部，矛和盾之间不断循环的关系中有很多地方难以解释。就拿刺槐来说吧，刺槐在长高的过程中，为了在新枝上长出新芽，就需要将水和养分集中往上供应，也就是说，要有谁将陈腐的叶子除掉。刺槐虽然没有手，但动物们会把下面的老叶子吃掉。就好比你够不到的后背有人会帮你挠痒痒，那么植物想做而又做不到的事情动物就可以代其为之。

植物和动物之间合作共生的和谐关系也体现在花上。

红皇后假说

红皇后假说是由美国芝加哥大学进化生物学家范瓦伦于 1973 年根据《爱丽丝镜中奇遇记》的故事提出的。所有的生命体为了能够在急剧变化的环境中，在捕食者和被捕食者间的竞争中生存下去，需要不断进化。小说中红皇后治理的国家由于世界变化太快，就算是想停在原处，也要拼命奔跑才行。在自然界中，捕食者跑得越快，被捕食者越要拼命奔跑，于是，进化的军备竞赛周而复始

以蝎尾蕉和蜂鸟的关系为例。要是没有蜂鸟，蝎尾蕉就没有办法繁殖。蜂鸟以每秒 80 次的速度振动双翅，悬停在花旁吸食花蜜，但是由于运动量太大，它需要整日吸食花蜜维持体能。蝎尾蕉正好可以为蜂鸟提供花蜜。就好像配

无花果马蜂

无花果是在果实内开花。雌性无花果马蜂在无花果果实内产卵，卵孵化出的小马蜂在果实内安全成长，长大后钻出果实，并携带花粉

对的钥匙和锁，蝎尾蕉的蜜腺和蜂鸟长长的弯喙正好吻合。作为报答，蜂鸟会把沾在身上的花粉四处扩散。无花果树与无花果马蜂之间也存在着一种特别的共生关系。无花果树非常独特，它在果实内开花。要想完成受精，就一定需要可以穿透果实进去产卵的无花果马蜂。无花果马蜂的雌蜂可以在多花的果实里面放心地产卵，产卵后还会去寻找其他无花果树的果实，这时就会把携带的花粉抹在雌蕊上。

最后，对植物来说绝对必需的是与真菌的共生。植物的须根被真菌包裹着。菌根可以把植物自己的根无法吸收的营养配送给植物，而植物会以糖分回报真菌。不仅如此，真菌还可以将植物尸体和落叶等分解，消化纤维素。要是没有真菌的话，森林里可能满是植物的尸体。韩国真菌系统分类学家申贤东认为，"真菌可谓净化污物、更新生态的惊人生物"。细菌虽然也能分解动物尸体，但是像树木这样很难分解的纤维素，就要交给真菌来分解了。死去的植物落在地上被分解后，再次成为养分被根部吸收，在这一伟大的循环中，真菌起着十分重要的纽带作用。

植物出现在地球已有4亿多年了。生长在水中的藻类登上地狱般的大陆，进化成了地衣类和苔藓植物。原本仅在潮湿的地方生长的苔藓植物，由于维管束组织的存在，得以登上干燥的陆地。克服重力的影响，能够朝天垂直生长的植物，如今在干燥的地带也能将水和养分输送到自己的顶端。在干燥的环境中，为了更有效地传宗接代，植物进化出了比孢子更先进的种子，从此种子植物出现了。无法移动的植物学会了与可以移动的动物共同生存。植物又开出了花作为生殖器官，进化成为被子植物，开始了与昆虫、鸟和哺乳动物的共生互助。

大自然并不是像矛和盾之间无休止的军备竞赛那样，只是充满了杀戮与毒物的阴森战场。虽然它是红皇后一刻不停奔跑、唯恐被抛下的世界，但它同时也是实现共同生存的共生场。共同生存、相互影响、不断进化的协同进化过程，不只是发生在植物与动物之间。它已经属于普遍现象，发生在动物与细菌之间，不同真菌之间，还会出现在人类和细菌之间的疾病斗争中。

　　在大历史的视角中，植物的登场具有怎样的意义呢？这个问题很难简单回答。可以确定的是，植物是覆盖地球表面的世界之肺。地球不像金星表面有几百摄氏度那样滚烫，也不像火星一样死寂而荒凉，这都缘于地球有了植物。植物使海洋变得多姿多彩，在登上大陆后又为地球铺上了绿色的地毯。植物就是养活包括人在内的所有动物的食物，是食物链的基础。地球上的动物赖以生存的能量源泉就是太阳能，植物通过光合作用将太阳能转变成生命体能够利用的能源形态，并制造有机物。人们常常将大地比作母亲，事实上养育所有生命体的母亲是扎根于大地的植物。而动物就像是在植物创造的生命运动场上嬉笑玩耍的小孩子。接下来，就让我们来见识一下这些被称作动物的小孩子。

草原的循环周期

在非洲，有着以植物为中心的草原循环周期。某一时期是刺槐、灌木成丛，到了另一时期忽而不见树木，变成绿草幽幽的草原。在非洲，草原的茂盛是和气候、野火，以及生活在那里的食草动物紧密相关的。

到了旱季，非洲草原的草会变得十分干燥，一个闪电就能点燃草原，迅速燎原。虽然野火所到之处貌似一切都化为灰烬，但仔细一看会发现，地面上横生的草茎一点都没有被烧焦，这些茎会在雨后重发新芽。

但是刺槐却与它完全不同，若野火蔓延，它将受到致命伤害。特别是连30厘米都不到的幼苗，被火吞噬的话，叶子和带有生长点的枝头会被烧掉，导致植物无法继续存活。所以，若是野火频发的话，刺槐根本无法茁壮成长，那么原野就会变成满是野草的荒原。

刺槐

非洲热带稀树草原的刺槐，树冠像屋顶一样平坦

生活在非洲草原的食草动物与草是共生的合作伙伴。草与以草为食的动物是合作伙伴，乍一听难以理解，看完下面的解释就能明白了。草的叶柄下部十分易断，便于食草动物啃食。食草动物啃食小草，但伤害不到茎和根，被啃掉叶子的部位很快就可以长出新叶。草在食草动物的帮助下去旧换新，食草动物也因此得到了新鲜美味的食物。

但是如果非洲草原雨水旺盛，草连续几年都长势极好，那么情况就会有所不同。食物变得丰富以后，食草动物的数量就会急剧增长。之后若是再次进入持续干旱期，草原就再也没有能吃的草了。食草动物为了觅食，会向其他地方迁移。草、野火、食草动物都消失的地方，刺槐生存的概率就升高了。当刺槐的幼苗长到超过1米时，即便野火燃起，叶子和带有生长点的枝头也能得到保护。还有，刺槐尖锐的刺可以防止斑马等食草动物靠近，它生存的概率就进一步增大。而数量增多的刺槐为了获取更多阳光，就会伸展枝丫，形成林地，甚至方圆数十千米的广阔丛林会占领绿草丛生的草原。

如此诞生的"荆棘王国"不会永久持续下去。长颈鹿、羚羊等把灌木连枝带叶啃食掉，大象则冲向大树，把大树扑倒，连刺带枝干统统吃掉。由于食草动物再次造访，森林逐渐遭到破坏，原来被森林遮挡的地面又重见阳光，草便重见天日，于是进入了草原的另一个循环周期。

食肉植物

我们常常以为动物吃植物，但有时情况也会逆转。在湿地、泥潭，或是被雨水冲刷过的山坡，生存条件恶劣的地区的植物为了生存会以动物为食。

捕虫草生长的地方日照时间短，靠光合作用难以获取养分，就连从土里获取的养分也微不足道，甚至一无所获。虽然植物死后腐烂分解所形成的养分，可以被植物连同土里的养分再次吸收，但在这种荒凉的地方，植物腐烂得非常缓慢，它们不得不直接捕食昆虫来获取养分。

狸藻生长在水稻田、池塘等积水的地方。因为没有根，所以狸藻漂浮在水面生活。过去，狸藻是很常见的水草。它的叶子上有很多囊，是用来捕捉虫子的。捕虫囊的开口处有半圆形的门，平时门是紧闭的。在门的中间有两对毛，一旦有虫子触碰到毛，杠

生在水里的食虫植物狸藻有捕虫囊，和捕鱼时使用的鱼篓原理相同

杆作用就会使门打开，同时像真空吸尘器一样连同水一起将虫子吸入，再把门关闭。被捕虫囊捕获的水蚤或子孓等小虫子会被消化酶消化。如今在东亚和东南亚的城市外依然可以见到这种植物。

植物的分类体系

植物常意味着"种植和生长"。过去生物大体分为动物和植物，所以真菌、海藻等也被归为植物，而现在要使用三域六界分类法。电影《指环王》中的中土世界里，生活着人类、精灵、霍比特人等多个种族。与其类似，真核生物界有 4 个种族，分别是原生生物、植物、动物和菌类。真核生物中，植物类由苔藓植物、羊齿植物、裸子植物、被子植物等组成，它们没有办法自发移动，属于利用叶绿素进行光合作用，生产自身所需能量的独立营养生物（自养生物）。它们有含有纤维素的细胞壁，没有神经。

植物大体可分为没有维管束的苔藓植物和有维管束的植物，维管束植物还可以分为利用孢子繁殖的羊齿植物和形成种子并繁殖的种子植物，种子植物又可以分为被子植物和裸子植物。被子植物最大的特点就

植物的分类

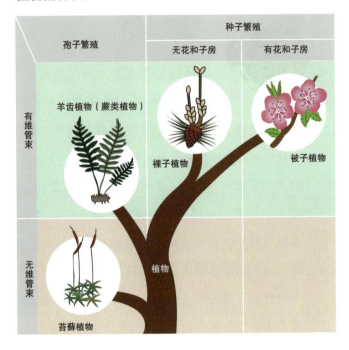

孢子繁殖	种子繁殖	
	无花和子房	有花和子房

有维管束

羊齿植物（蕨类植物）

裸子植物

被子植物

无维管束

苔藓植物

植物

是有花；裸子植物虽然也开花，但从生物分类的观点来看，那不是真正的花，而是孢子叶球。

　　苔藓植物没有维管束组织，它们主要生活在水分大的湿地，并利用孢子繁殖。苔藓植物有着可以与维管束植物区分开来的重要特征，那就是它们属于有性世代配子体。孢子体与配子体相比相对较小，寿命较短，并且附着在配子体上获取养分。

羊齿植物中包含原始蕨类。它们的维管束组织十分发达，并且根、茎、叶结构分明。它们不开花，依靠孢子繁殖。作为古生代覆盖地表，形成巨大森林的植物，它们的残骸形成了如今的煤炭。形成离开孢子体（n）独立生活的配子体——原叶体（2n）后，孢子体与配子体进行着规律的世代交替。

在进化过程中裸子植物是最先有种子的植物，但是与种子出现在子房中的被子植物不同，它的种子露在外面。裸子植物的孢子叶球虽然看起来像花，但在结构上却和被子植物的花有很大区别。现在地球上的裸子植物有苏铁、银杏等。

被子植物开花，花中诞生的果实里形成种子。我们周围的大部分植物都属于被子植物。

运动、视觉和思维

有时候，一个发明可以彻底改变这个世界。智能手机就是如此。通信的历史可以分为智能手机出现之前与之后。智能手机出现之前，电话和手机只是单纯传递声音的通信装置。手机按键逐渐消失，出现了前后置摄像头，可以连接网络，引发了智能手机革命。智能手机不再局限于通话，而是发展到了能够听音乐、打游戏、浏览网页、进行网络社交、看视频，能够利用网络的所有东西都可一手掌握。从此，人们进入了再也不需要去图书馆查找资料的智能世界。

自 38 亿年前生命诞生开始的进化历史上，有几种"发明"引起了史无前例的巨大变化，它们就是运动、视觉和思维。最初的生命体诞生、性的分化、人类的登场，是具有划时代意义的重要里程碑式节点，它们增加了多样性、复合性和相互关联性。运动、视觉和思维的登场就如同通信历史上智能手机的登场，可以说是引领动物进化历史的核心要素。生命体开始移动，为了能行走、觅食进化出视觉。纤毛、鳍、腿、臂、翅膀、嘴、下颌、牙齿、外壳、犄角、毛发、耳朵、消化器官、排泄器官等等，各种各样的机能随之出现。

有趣的是，多达数百万种的动物中，消化、呼吸、生殖、排泄等器官和视觉、听觉等感觉，还有可以运动的肌肉、关节等，在结构和功能上有相当多的部分是相通的。运动、视觉和思维在动物进化的历史上是如何引发变化的呢？如此多的动物怎么能拥有高度相似的结构呢？现在让我们来看一看，让动物正式成为动物的运动、视觉、思维功能是怎样进化为相通而又多样的结构的。

进化的工具箱——同源异形框

根据体型的不同，人体由 60 万亿到 100 万亿个细胞组成。令人吃惊的是，这无数个细胞最初是从一个细胞，也就是受精卵开始的。精子与卵子相遇后形成受精卵，如果在安全的地方落脚（着床），就开始分裂，细胞逐渐增多，形成身躯。受精卵着床后只需要经过 10 日，手指甲盖大小的胚胎就具备了身体的形态。数不清的细胞中，有的细胞准备变成头，有的准备变成手臂，有的准备变成眼睛。这些变化和程序究竟是谁指示的呢？是有什么规定了这一切吗？

1894年，贝特森出了一本书，叫《变异的研究材料，特别是物种起源的非连续性》。这本书是在走访了全欧洲的博物馆、收藏家、解剖学家，并收集了大量怪异的畸形和异变后写成的。他把所有畸形收集起来，大致分为两类。一是器官或肢体（胳膊、腿等）的数量发生变化。比如，胳膊本应分为两节，却只有一节或是分为三节。另一类是身体的一个部位长出了另一个部位才会出现的部件。比如，本来应该长出胳膊的地方，却长出了腿。他把第二种情况命名为同源突变。

美国的遗传学家布里奇斯在果蝇中发现了突变现象，果蝇本应窄小的后翅变得像前翅一样巨大，他将这种同源突变称为"双胸"。此后又陆续发现了一些同源突变的案例。触角足突变导致本应生长触角的地方长出足。有趣的是，这类变异只是位置上出了差错，但模样上却是完好的，就好比是胳膊和腿安错了位置的玩偶。那么，动物的身体有着怎样的设计图呢？会不会是坐镇指挥的设计者失误了，把应该装腿的地方安上了胳膊呢？

最终学者们发现了在果蝇的第3号染色体中主导同源

双胸和触角足

双胸和触角足。双胸（左）就是"两个胸节"的意思，是果蝇的小后翅变成大前翅的一种突变现象。触角足（右）指的是原本长触角的地方长出了足的突变现象

突变的基因。这些基因形成了双胸复合物和触角足复合物。触角足复合物包含了影响果蝇身体前半部分的 5 个基因，双胸复合物则包含了影响后半部分的 3 个基因。令人惊奇的是，两个复合物中基因的顺序与它们所影响的身体部位顺序是一致的。同源基因有 180 个碱基对，在长条形排列的 DNA 结构中是以小箱子的模样排列的，因此生物学家们把它称为 "homeobox"（字面意思是 "同源箱"，专业上译作 "同源异形框"），后来将其缩略为 "Hox 基因"。

那么其他动物会不会也有 Hox 基因呢？答案是肯定

果蝇和老鼠的 Hox 基因

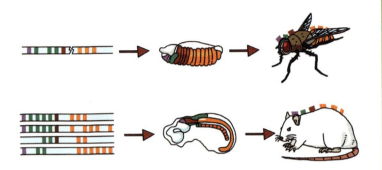

果蝇和老鼠尽管亲缘关系不大，但是 Hox 基因都基本是以头、胸、腹的顺序排列的

的。在果蝇身上发现的 Hox 基因，在泥鳅、青蛙、老鼠身上也发现了几乎同样的，而果蝇和老鼠却是完全不同的动物。

后来在果蝇实验中出现了由于某种基因突变而没有长出眼睛的实例，这种基因被称为无眼基因。心脏发育所必需的基因的突变名称取自《绿野仙踪》中无心的锡人。就像双胸和触角足，无眼和"锡人"也存在于其他动物身上吗？人有一种无虹膜基因。如果这种基因出现突变，那么人的虹膜（有色素的部分）会缩小，严重时甚至会脱落。无虹膜基因和因妨碍或阻止老鼠眼睛形成而出名的小眼基因相同。这一发现有趣而又刺激。现在学界把无眼、无虹膜和小眼基因并称为 Pax-6。重要的是，Pax-6 基因与所有动物眼睛的形成都有关，从结构简单的贝类眼睛到结构极其复杂的脊椎动物的眼睛。

如果在应该长出果蝇腿的部位发现了无眼基因的话会怎么样呢？事实上会在腿上长出眼睛来。那么，如果把果蝇的无眼基因和人的无虹膜基因换一下会怎么样呢？果蝇会长出人的眼睛来吗？不会的。果蝇的眼睛还是原来的模样。明明是人的基因却长出了果蝇的眼睛，这就像是演奏

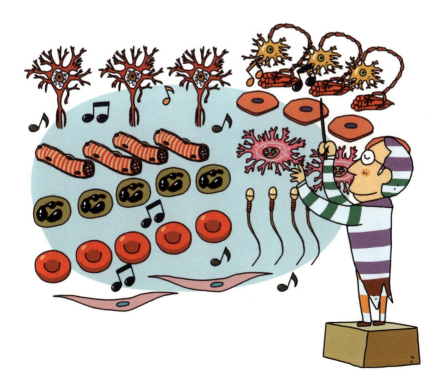

交响乐（整个身体构成），有专门的指挥负责让各个单元（双胸、触角足、无眼、"锡人"等）在各自的位置上完美地演奏乐器。

包括 Hox 基因在内，与眼睛，胳膊、腿等肢体，以及心脏形成有关的基因等与身体的形成相关的基因被称为"遗传工具包"或者"主基因"。它们从受精卵开始分裂的瞬间起，就指挥着各个细胞按照各自的分工进行工作，就像交响乐团的指挥家一样。但是，起决定性的不同点是所有的细胞都是万能演奏者，所以不论是小提琴、长号，还是打击乐，在任何一个位置细胞都能完美地演奏自己所负责的乐器。

遗传工具包在动物界广泛扩散意味着什么呢？随着果蝇、线虫、鱼、老鼠等动物的遗传序列被揭示，我们发现动物的遗传工具包是非常类似的。那么该如何解释种属完全不同的人和果蝇拥有几乎相同的基因呢？进化发育生物学家认为，整个动物界有着共同的祖先，继承了共同的遗传工具包，又进化出了各自不同的基因。

另外有趣的一点是，不只是遗传工具包，人和老鼠大概有 85%

进化发育生物学
研究发育过程如何进化，通过进化生命如何实现多样性的学问。全称是"evolutionary developmental biology"，简称"evo devo"。

的基因相同，黑猩猩和人有将近 99% 的基因相同。相同的基因有这么多，可为什么老鼠和人有着天壤之别？黑猩猩和人又是如何进化得不一样呢？生命体并不是为了制造差异，每次都要创造出新的基因。生命所展现出来的形态和功能的多样性只是积木拼搭的不同结果而已。就像长方体、立方体、三棱锥、圆柱体等不同的积木块可以堆成房子、汽车、塔、飞机，现有的基因通过更换位置、改变重复次数、利用变异等方式，创造出了复杂而多样的生命体。

进化发育生物学家认为，通过使用像是开关一样的基因，生命创造出了多姿多彩的形态和机能。因为这个开关也在进化，所以才会有如寒武纪大爆发一般的生物多样性大爆发。

动物以上面描述的遗传工具包为基础，发展了运动、视觉、思维等机能。那么动物身体的设计到底是如何进化的呢？随着各项机能的发展，动物的生活有了怎样的变化呢？

移动的动物

19 世纪初，英国的生物学家理查德·欧文专攻解剖学。当时欧洲的冒险家们从世界各地带回各种各样的动植物。欧文对实验室和博物馆的动物进行了研究和分类。他最先记载了有关大猩猩的内容，并将巨大的奇怪化石称为"恐龙"。

欧文发现，外表看起来非常不同的动物却有着相同的模式。专攻解剖学的他十分了解人类手臂的骨骼。人类的手臂是由从肩膀到小臂的大骨头肱骨和分为两块的尺骨、桡骨相连接，手腕处聚集着许多小的圆形骨头，从手腕处分出5个分叉形成手指。但是，像青蛙等一些和人完全不同的动物，却有着和人手臂骨骼极为相似的构造。这和是手臂还是腿，有没有翅膀和蹼没有关系，很多动物的前肢和后肢有着和人相似的结构。这被称为同源器官。但是欧文的洞察力仅停留在这种模式的表象上，他认为这种模式是神谋划并设计完成的。

与欧文同时代的达尔文提出了不同的解释。达尔文认为，蝙蝠的翅膀有着和人类手臂一样的骨骼构成，这是因为两种动物可能有着共同祖先。关于手臂和腿（前肢和后肢）构造的历史，人们一直在研究到底会追溯到多么遥远的从前，但是，在鱼身上无法找到"肱骨—尺骨、桡骨—腕骨—指骨"这样的结构。似乎在鱼鳍和陆地生物的四肢之间有着不可跨越的鸿沟，就算在达尔文生活的时代也是这样。

动物肢体的共通模式

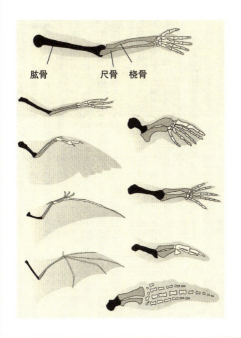

肱骨　　尺骨　桡骨

动物的前肢和后肢都遵从相同的模式。首先有个大骨头（肱骨），连接着两块骨头（尺骨、桡骨），再连接着多块小的圆形骨头（腕骨或踝骨），最后连接着手指或脚趾

　　但是到了 19 世纪中叶，德国生物学家发现了一种生活在南半球的神奇的鱼，它就是在颈部后方有气囊（鳔）的肺鱼。这种鱼在池塘干涸或者水里的氧气浓度降到危险值的时候也可以通过气囊正常呼吸。更为神奇的是这种鱼的解剖结构，鱼鳍根部的一块骨头和肩部相连，这和人手臂上部的骨头（肱骨）连接肩膀的构造相同。这是在一般鱼身上没有发现过的骨骼，也就是说，肺鱼有肱骨。

肺鱼和鱼石螈

肺鱼（左）的鱼鳍根部有块骨头和肩部相连，功能上和人的肱骨相似。鱼石螈（右）介于两栖类和鱼类之间，头和尾虽然像鱼，但是四肢有趾，脊柱形态和两栖类相同

　　19 世纪末期，科学家在距今约 3.8 亿年前的岩石中发现了真掌鳍鱼化石。真掌鳍鱼似乎混合了两栖动物和鱼类的特点。它的鱼鳍里不仅有肱骨，也有相当于尺骨和桡骨的骨架结构。1931 年，人们发现了更惊人的化石。一位叫冈纳·瑟德贝里的生物学家发掘出了脊柱上连着四肢的鱼化石。他把这种鱼命名为鱼石螈。观察鱼石螈的颈部和背部，可以确认在很多方面鱼石螈都处于从鱼到两栖动物的过渡阶段。但是关于四肢的起源，这块化石并没能提供任何线索，因为它已经像两栖动物一样有着发达的四肢和趾了。

　　1933 年，科学家们发现了棘螈。这种"鱼"也和鱼

蝰鱼的鱼鳍

蝰鱼的鱼鳍末端长着像手指一样的凸起，可以支撑身体行走海底

石螈一样有着完整的趾。特别的是它的四肢与海豹的鳍类似。也许最初的四肢不是用来走路的，而是用来游泳的。随着鱼鳍变成趾的形状，鱼类开始用它穿越芦苇茂盛的沼泽，蹒跚而行，或是翻越倒下的树木。即使是现在，有的鱼依然有着类似的行为。

　　足和趾并非是为了在地上走路而进化，手和手指也并非为了抓东西而进化。我们不能陷入这样的思维陷阱，认

拥有"肘"和"手腕"的鱼

提塔利克鱼的模拟图（左）和化石（右）。提塔利克鱼头部宽扁，眼睛在上部，有"肘"和"手腕"。有能防止肺遭挤压的肋骨，在陆地上也能自由呼吸

为进化就好像是冥冥之中有设计师或是有特定目的，有什么在引领这一伟大的历史过程，一开始就计划好了哪里要成为手，而最终得以实现。达尔文在 1862 年这样写道：

> 认为身体的某一部分一开始就是为达到特定的目的而被创造的想法是不可取的。一般来说，最初为了某种目的而创造出的身体部位，通过完美的变化也能适应和最初完全不同的目的。

2004 年，科学家们终于发现了证明手和脚、手腕和

脚踝起源的重要环节，它就是疑似生活于 3.57 亿年前的一种鱼的化石。被称为提塔利克鱼的这种鱼虽然鳍上有蹼，但内部隐含肱骨、两块小臂骨和很多小骨头，构成手腕、手指、脚趾的原始形态。

提塔利克鱼是可以做俯卧撑的鱼。要做俯卧撑就要把手掌贴在地上，弯曲肘部，靠胸部肌肉运动来支撑身体上下移动。其"肘"和"手腕"的结构和人的一样，可以弯曲，所以鳍可以平稳地贴在地上，胸部的肌肉也非常结实。

从肺鱼到提塔利克鱼，再到棘螈，经历了漫长的进化，脊椎动物终于离开了它们的故乡大海，向着新的栖息地迈出了一步。原来只能做做俯卧撑的鳍渐渐进化成了四肢，可以抓，可以摸，可以掷，可以走。

在生命史上出现了一次可以和寒武纪大爆发相媲美的重要飞跃，那就是脊椎动物的登陆。5.4 亿年前，寒武纪大爆发之后，约 1.8 亿年间脊椎动物进化成了无数形态各异的鱼。但是，统观这一时期，在干涸的大地上，一种脊椎动物也没有。直到 3.6 亿年前脊椎动物才从水中脱离出来。由此我们也能得知，把自己的生活领域拓展到另外一种环境中是件相当不容易的事。如前所述的植物登陆情况一样，陆地对于海洋动物来说也是残酷的环境。又热又干燥，还有致命的紫外线，也没有能帮助自己灵活控制身体

鱼类向陆地动物的进化

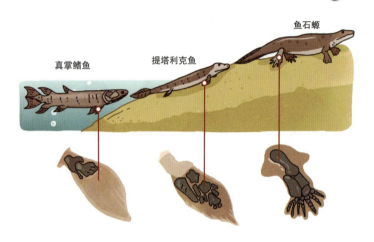

真掌鳍鱼的胸鳍在经历了提塔利克鱼、鱼石螈的阶段后逐渐进化成四肢的过程。这也是曾经靠浮力在水中游动的身体克服重力开拓新世界的历程

的浮力。生物必须革新自己身体的设计，追加新的功能。它们开发了不用从水中提取氧气，而是可以直接吸入空气的装置，在水中游泳用到的鳍也变成了可以克服重力的四肢。不久之后，四肢变得越发精巧，能奔跑，能捧握，能抓挠，能抚摸。于是，从首次踏上陆地的祖先开始，鳄鱼、骆驼、大象、兔子、麋鹿、鹰，一直到人，所有的陆地脊椎动物都诞生了。

百闻不如一见——眼睛的进化

目前，95% 的动物都是有眼睛的。其中鸟类的视力超群，鹰可以发现 1.6 千米外的猎物，相当于可以从 10 楼的阳台上看清地上爬行的蚂蚁。人的眼球背面每平方毫米有约 20 万个可以感光的视觉细胞。而同等面积下，鹰拥有 100 万个视觉细胞。视觉细胞越多，看到的画面就越鲜明清晰。鹰的眼睛与人眼相比，晶状体更加平坦，距视网膜更远，因此不仅可以像望远镜一样清晰地看清远处的东西，还具有可以将人眼所见的猎物放大 3 倍的功能。那么，眼睛是怎么形成的呢？以几种假说为前提，让我们来还原一下眼睛形成的过程。

寒武纪之前，一些细菌的 DNA 在复制过程中出现了微小的差错。实际上 DNA 是非常顽固的，复制过程非常精确，一般不会出错，即便出错也是百万分之一的概率。这种偏差偶尔会造成问题，但有时也会带来好处。随着时间的流逝，这种小小的变化（变异）逐渐累积，就会固化成典型的特征。

偶然发生的偏差造成的变异，使细菌具有了可以吸收光线的蛋白质，于是首次出现了可以感知光的细菌。这种变异持续累积，从某一时刻开始出现了能够躲避强光的细菌。白天的强紫外线照射对生物来说是致命的，而这些细

动物首次睁开眼看到的景象

最早长出眼睛的动物是如何看到世界的呢？最初只是看到形似光斑的模糊影像。随着眼睛的结构变得更复杂，动物可以看到更加清晰的影像，也具备了区分眼前事物的能力

菌感知到紫外线就可以躲至阴暗的地方。于是，能够分清白天和夜晚、分清明和暗的细菌就比其他细菌更有利于生存，数量也逐渐增多。

随着时间的推移，能够感知光的细胞进化成了多细胞生物，能感知光的蛋白质聚集在多细胞生物身体的某一部位形成了斑点。这种色素斑点内部有凹陷处，不仅可以感知光的亮度，还可以感知光的方向。光的方向不同，凹陷处接收的光量也就不同，由此生物可以感知光的方向。凹陷处变得更深，就像是前部打开的口袋一样，开始能模糊地感知出事物的形态。打开的口袋的入口部分缩为小孔并覆上一层透明的保护膜，少量的光进入这个小孔，开始聚成一个模糊的影像。随着聚焦能力的提升，生物就可以清

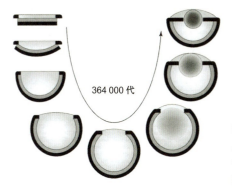

相机眼进化的过程

364 000 代

最初不过是眼点的眼睛在经历了漫长的近 40 万代的进化后，成为现在能够感知明暗和方向的相机眼

晰地看到东西了。

　　眼睛进化成这样花费了多久呢？埃里克·尼尔森和苏姗娜·佩尔格计算了从凹陷的眼点进化到相机眼所需要的时间。他们把生物表面的某一部位感知到光作为计算的起点。计算的结果是，这样微小的变异连续不断地发生了 2 000 多次，也就是说，从凹陷的眼点进化到相机眼大概需要 40 万代的时间。把 1 代算作 1 年，也需要 40 万至 50 万年才够（对于 5 亿年前的多细胞生物来说，假定 1 代为 1 年，进化速度算是相当慢的）。50 万年对于人类来说是漫长的岁月，但是对于地球的历史来说不过是弹指一挥间。

生命体睁开双眼之后发生了什么事情呢？在澳大利亚南部的埃迪卡拉发现了保存着寒武纪之前（又称前寒武纪）的生物模样的化石群。因为寒武纪之前时代的化石此前没有被发现过，所以在埃迪卡拉动物群被发现之前，那个时代到底存在过何种生命不得而知。在看过埃迪卡拉动物群后你就会明白化石难已保存的原因了。它们是没有外壳、身体柔软的软体动物，没有眼睛，没有坚硬的身体，没有牙齿，没有足。从钱币的模样到宽阔的叶子的模样，大小从 1 毫米到 1 米不等。特别是一种叫作狄更逊水母的生物，它像是一片平展的树叶，最初发现的时候被误认为植物的叶子，但是最近的研究指出它其实是一种在海底爬行的动物。

安德鲁·帕克主张在寒武纪来临之际，有眼动物的出现使得寒武纪生物种类爆发式增加成为可能，这就是"光开关假说"。科学家没有在包括埃迪卡拉纪（即震旦纪）在内的寒武纪之前的化石中发现捕食的痕迹。科学家在中生代地层中发现了被凶恶的捕食者撕掉了身体一部分的三角龙化石。埃迪卡拉动物群中就没有此类伤痕。化石旁边发现的疑似刨土的痕迹表明，在寒武纪之前有的动物也把土中的有机物当作主食。但是寒武纪的化石中就出现了明显的捕食痕迹。

寒武纪化石和埃迪卡拉动物群截然不同。寒武纪的动

埃迪卡拉动物群

埃迪卡拉动物群（左）是寒武纪开始前约 3 000 万年前，即 5.6 亿年前生活的动物群。它们都是软体动物，没有外壳，也没有足。大小从 1 毫米到 1 米不等，形态多样。狄更逊水母像是平展的树叶，呈辐射对称状，可以向任何方向移动。

物有好几只眼睛、好多条腿，有铠甲一样的外壳、长矛一样的刺、锋利的牙齿等，大小和模样十分不同，且长相凶狠。三叶虫酷似战场上穿着盔甲的将军。到了寒武纪发生了一个重大事件：动物开始睁开双眼，光开关被打开了。动物们可以"看见"周围的猎物。对于前方漆黑、靠摸索地面寻觅有机物的采集者来说，睁着眼睛追杀它们的"猎人"登场了。逐渐地，这些"猎人"的身体开始区分前和后。寒武纪的动物为了精确区分方向和把握位置，会把好几只眼睛长在同一边。在眼睛集中的部位还长出了撕

咬猎物的牙齿，作为消化的入口，"嘴"也随之形成。同时，把不需要的东西排出体外的孔也移至"后面"，于是左右对称的身体就出现了。

很快，攻击其他动物的捕食者也出现了。受到袭击的一方不会坐以待毙。能够抵挡激烈撕咬的坚硬外壳，能够避免随意攻击的威胁性尖刺，逃跑时必需的足和鳍，这些都成了生存竞争中求生的必要手段。帕克说，正是得益于进化性军备竞赛，才出现了寒武纪大爆发。

设计图的各种变化

随着有眼动物的出现，眼睛的形态和功能也复杂多样起来。眼睛最初级的形态是水母的眼点。眼点与其说是眼睛，毋宁说是一种光传感器。像杯子一样凹陷的眼点内部表面分布着黑色的感光色素，有时上面会盖着一层非常初级的镜头。曲面的光传感器比起平面的更有利于辨别光源的方向，而拥有扁平光传感器的生物们要左右摇头才能勉强找到光源。水母的眼点虽然可以感知光和影，但是由于无法成像，所以还很难称之为眼睛。［但是，箱水母（又称立方水母）能够对焦并识别物体，具有结构复杂的眼睛。］

感知光的细胞变得越来越复杂。就像在里面贴上了一

鹦鹉螺的眼睛

鹦鹉螺被称为"活化石",不同于一般的软体动物,没有吸盘,有丝状腕,属于头足类(是软体动物中进化等级最高的生物)。如今,鹦鹉螺的眼睛无法像相机暗箱一般较为清晰地看到物体

层薄胶带,眼内部附着了一层由神经细胞构成的薄薄的"网膜",拥有了它,我们才可以说形成了真正的眼睛。鹦鹉螺的眼睛表现出了最初具有视网膜的眼睛形态。这种动物的眼睛与17—18世纪欧洲画家写生使用的暗箱结构相同。暗箱意为"晦暗的房间",是一种把光线透过小孔在屏幕上聚成的影像描绘出来的绘画技法。如果孔太大,成像就会明亮但不够清晰;如果孔太小,成像清晰但会过于晦暗。鹦鹉螺的眼睛是让光透过小孔,即瞳孔,来刺激视网膜上的感光细胞。由于鹦鹉螺的瞳孔在进化过程中变大,导致现在它们只能看见模糊的影像。

比鹦鹉螺稍好一些的是扇贝的眼睛。扇贝外壳边缘有

扇贝眼睛的工作原理

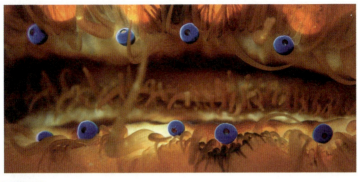

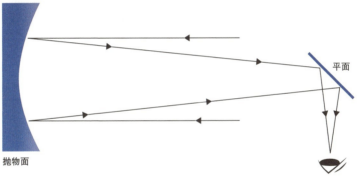

平面

抛物面

扇贝的眼睛（上）和反射望远镜（下）原理相似。反射望远镜的凹透镜（图中的抛物面）起到聚光的作用，中间的平面镜把这些光反射，传给眼睛

很多只眼。这些眼就像是镜子一样。实际上在扇贝的视网膜后面有像凹透镜一样的反射膜。通过视网膜的光经过反射膜的反射，于视网膜上形成焦点，视网膜吸收光的同时识别图

像。这个原理和牛顿制造的反射望远镜原理类似。

　　许多昆虫都长有复眼。复眼是由上千甚至上万的眼睛（单眼）聚集在一起组合而成的。蜻蜓的复眼由1万至2.9万个单眼聚集而成，捕捉焦点的能力虽然会下降，但是处理信息的速度却十分出色，比人眼快5倍左右。因为反应迅速，蜻蜓能及时抓住最佳时机，因此能躲避攻击和避开突如其来的冲撞危险。蜻蜓大量的单眼并不都是相同的。与各个小的单眼不同，有一个大的单眼看得更加清晰。如果说周围的其他单眼只能够发现食物的话，那么大的单眼能够更加清晰准确地捕捉到猎物。

视觉细胞越多就越有利于生存吗？

如果人也能具有鹰一样锐利的眼神，难道不好吗？如果能像蜻蜓的复眼那样，处理信息的速度快，可以躲避自己的敌人，不是有利于生存吗？事情没有那么简单。个体通过食物获取的能量是有限的，把获取的能量转化成其他形式或是合理分配给整个身体，是件非常重要的事情。从整个身体来看，与体积相比，能量消耗非常高的器官是眼睛和脑。光眼睛就消耗很多，脑在分析视觉细胞传送的大量信息时所消耗的能量也相当巨大。我们只拿腿和眼睛两种器官来想一想。跑得很慢，却拥有性能很好的眼睛真的有利吗？或者眼睛的性能虽然一般，但却有双跑得很快的腿，这样会更有利？生命都是向着最有利于自己生存的方向进行选择和适应，由此也出现了无尽的多样性。

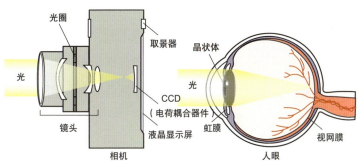

相机和人眼的构造

光圈
取景器
晶状体
光
CCD
（电荷耦合器件）
镜头
液晶显示屏
虹膜
相机
人眼
视网膜

相机眼和数码相机工作原理类似。人眼可以通过虹膜调节光量，光进入瞳孔，经由晶状体到达视网膜。数码相机是用光圈调节通过镜头的光量。在数码相机的 CCD 中密密麻麻地排着很多小的光传感器。光被这些传感器感知后，经过分析，从而成像

　　从人、猫、狗到鱼，所有脊椎动物眼睛的标准构造都是"相机眼"。角膜和晶状体就是相机的镜头。光从瞳孔这个小孔里透过，再通过晶状体到达视网膜。根据凸透镜模样的晶状体的变化，成像可能在视网膜后，也可能在前。这时就像相机镜头对焦一样，晶状体和角膜通过改变形状来对焦。视网膜上密密麻麻的视觉细胞越多，就能越清晰地看到成像。

　　老虎之类的猫科动物即使在昏暗的夜晚也可以看清物体。在昏暗的房间里用灯照射猫的话，其两只眼睛会发

光。这是因为视网膜后有起到反射作用的照膜（反光色素层）。视网膜来不及吸收的光会通过照膜反射再次传给视网膜。物体反射的光会尽数反射至视网膜上，所以与人感知物体所需的最小量的光线相比，猫仅需六分之一左右的光就足矣。在光线充足的白天不需要照膜发挥作用，所以照膜就会被吸收光的黑色素覆盖。

脊椎动物相机般的眼睛根据两只眼睛的位置，可以分为全景视角和立体视角。兔子的眼睛属于全景视角，两只眼睛分别位于头部两侧，每一只眼睛都能看到180度左右，因此两只眼睛能看到近乎360度的全景。虽然视野扩大了，但兔子却无法判断物体与自己的距离。金钱豹和猎豹的眼睛属于立体视角，两只眼睛位于头部前侧，可以立体地认识事物，能够判断物体移动的方向和测定距离。

兔子拥有全景视角是为了躲避捕食者以求生存。宽阔的视角可以扫视整个草原，判断捕食者是不是在向自己靠近。另一方面，对金钱豹和猎豹这样需要狩猎的捕食者来说测定距离更重要。每次狩猎都需要集中消耗很多能量，因此为了提高成功率就要精确测量自己与猎物的距离。

根据动物的角色是捕食者还是被捕食者，或是根据生存环境和获取食物的方法的不同，眼睛变得多样，逐渐发达。埋伏狩猎的鳄鱼需要隐藏自身的能力和探察周边状况的能力。鳄鱼的眼睛像兔子一样分布于头部两侧，它在水

全景视角和立体视角

兔子的眼睛观察事物属于全景视角。为了获得这种全景，确保更广的视野，两只眼睛的视角不能重合。

左右两只眼睛同向排列在前的话则可以立体地观察事物。左眼和右眼即便是观察同一物体，角度也略有不同。看到的影像位置不同，就产生了深度感和距离感

灵长类的应对方法

大猩猩（左）和环尾狐猴（右）。灵长类的眼睛逐渐移到了前面。如此一来对于从天而降的或者来自后方的猛禽类的攻击就束手无策了。为此，灵长类集结成群，监视周边，像环尾狐猴一样采取"合作"的行动方式

中只露出两只眼睛来探察周边。海洋生物中有很多都是眼睛可以上下左右移动的。像甲壳类，眼睛上带有长柄，即使身体不移动，眼睛也可以监视四方。

灵长类的双眼长在头部前面，两只眼睛朝着同一方向，可以立体地认知物体，有很强的距离感。掌握了距离，就有利于从一棵树跳跃到另一棵树上。随着时间的推移，灵长类的立体视角达到了 60 度，接近鹰等猛禽类的视野角度。渐渐地，灵长类感知距离的能力越来越强，视

力越来越敏锐，但视野范围缩小的弊端也随之出现，因此对于来自后方的攻击或是捕食者从天而降的奇袭无能为力。现在鹰也会迅速从天而降突袭在树上休息的灵长类。

有科学家认为，灵长类动物为了克服这种弊端学会了新的行动方式，那就是相互依赖，协力合作。聚集成群监视周围的话，不论是哪个方向有敌人来都能被发现。当然在合作中也需要有能力判断合作者是不是熟悉、可信赖的伙伴。灵长类有很强的辨别能力，主要通过面部识别对方。举个比较极端的例子，有种疾病叫"面孔失认症"。正常的人即便是遇到好久不见的朋友，也能通过脸认出对方。但是患了"面孔失认症"的人就不能了。通过针对此病进行的脑研究，科学家发现识别对方面部的能力是促进脑部发育的重要功能。

会思考的动物

若问植物没有而只有动物才有的重要特征是什么，那么当属动物有"脑"了。科学家一度疑惑"植物是否有思想和感情"，并进行了大量的实验，但是直到现在也没有证据证实。关于脑的研究还处在起步阶段，脑依然是人类至今无法全部理解的、宇宙中结构最复杂的东西之一。

控制塔的出现

原核生物进化到真核生物的过程中出现的变化之一就是，细胞可以灵活地改变形状且可移动。珊瑚、海绵等原始的多细胞生物几乎没有神经和肌肉。一个细胞同时拥有接收外部刺激的功能和做出反应的功能。但是进化到像水螅这样的腔肠动物时，细胞就出现了分工，有了专门负责感觉的感觉细胞，有了负责应对刺激和移动的运动细胞。

随着生命体逐渐趋向复杂，出现了连接感觉细胞和运动细胞的神经细胞。如今，通过神经细胞连接网，多细胞动物就可以有条不紊地活动了。进化到鱿鱼、贝之类的软体动物时，神经细胞连接得就像蜘蛛网一样了。神经细胞伸展出无数个分支，把构成身体的无数的感觉细胞和运动细胞紧密联系起来，从而构成了中枢神经系统。脊椎动物的情况则是，连接感觉细胞和运动细胞的神经束位于脊椎内部，这就是脊髓。而位于脊髓顶端、神经细胞集中的控制塔就是脑。

脑是大量消耗能量的器官。成人每天消耗的能量约有25%是被脑消耗的，幼儿则大约有60%。我们常说代表智慧的脑是区分人和其他动物的特征，有人还说头大的话就更聪明，真的是这样吗？

从重量来看，人脑的重量大约是1.4千克，大象的脑重约5千克，鲸的脑重约8千克，它们约是人的4~6倍。如果说脑重就聪明的话，那么鲸是最聪明的动物。但是，

比较动物脑的大小

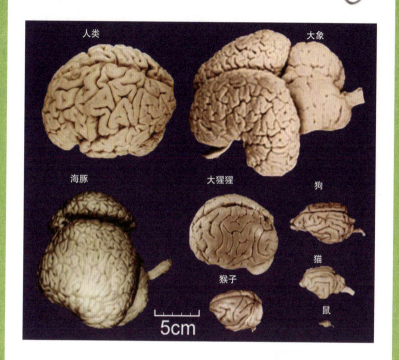

大象虽然脑容量最大，但是从重量占比来看，人类是最高的

我们不应该看脑的绝对重量，而应该看它与身体重量的比例关系。计算脑和身体重量之比后，我们发现，鲸和大象的脑大概占全身重量的两千分之一，而人为四十分之一，脑的比重在所有动物中最高。被认为和人有亲缘关系的灵长类的脑所占比重也不过百分之一。

人脑的结构

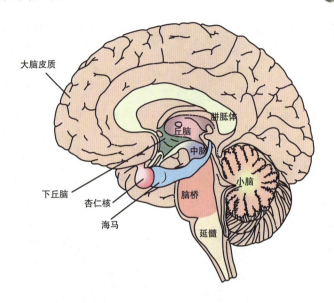

大脑皮质

松果体

丘脑

中脑

下丘脑

杏仁核

海马

脑桥

小脑

延髓

脑是功能不同的部分复杂地连接在一起的巨大网络系统

　　脑容量相对增大是所有哺乳动物的共同特征，但这并不等于构成脑的各层皮质是按照同等比例增大的。脑表面的大脑皮质是聚集着神经细胞的有褶皱的灰质层。

　　人类祖先靠增大大脑皮质迅速发展。从原始时代到现在，人的脑容量比灵长类大了 3 倍。如果只看大脑皮质的话，比例会更大。人类的大脑皮质展开的话相当于 4 张 A4 纸那么大，而大猩猩也就 1 张 A4 纸那么大，猴子的

相当于一张明信片，老鼠的相当于
一张邮票的大小。

　　脑由多个区域构成。各个区域
分别掌管着感觉、运动、语言、记
忆等功能。这些区域有无数个传递
刺激和信息的神经细胞体和神经突
触相连，构成一个网络系统。对于
脑是如何进化而来的，目前依然是
众说纷纭。

突触
神经突触连接神经细胞，
通过电信号和化学物质
传递信息，一般简称"突
触"。

爬行动物脑和古哺乳动物脑

　　美国的脑科学家保罗·麦克林把脑的进化形容为"三
位一体脑"。麦克林根据在进化史上出现的先后顺序，将
脑分成"爬行动物脑"、"古哺乳动物脑"和"新哺乳动
物脑"三大部分。各个部分在进化过程中形成时期各不
相同。进化过程中，后期出现的脑会叠加于初期形成的
脑。动物的脑在进化过程中，是在最初基本的功能上，逐
渐叠加更高级的功能。因此，最初的脑没有消失，还是原
样保留了下来。而最晚形成的就是通常所说的大脑皮质。
初期形成的原始脑也在发挥着它应有的作用。原始的脑和
早期的爬行动物、古哺乳动物的脑有着同样的功能。人的
行为中有不少是原始的脑在起作用，也就是说，人脑除了

三位一体脑

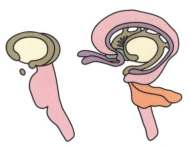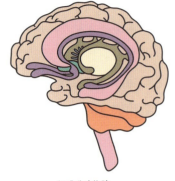

爬行动物脑：
负责呼吸等维持生命的功能

古哺乳动物脑：
情感功能

新哺乳动物脑：
具备创意等综合性思维能力

说明脑功能进化过程的模拟图。脑是按照爬行动物脑、古哺乳动物脑、新哺乳动物脑不断叠加的方式进化的

大脑皮质，同时具有爬行动物和古哺乳动物的脑。

爬行动物脑相当于脊柱上端的脑干和小脑，可以分为三个部分：负责嗅觉的前部，负责视觉的中间部分，以及负责身体平衡和调节的后部。脑干是掌管视觉和嗅觉的操控室，在这里，繁殖、觅食、逃跑等基本本能被程序化。爬行动物的幼崽从出生的瞬间开始就听从被程序化的脑的指挥，不需要妈妈的帮助也能自己生存下去。也就是说，爬行动物一出生就在繁殖以外的生活能力方面"成年"

了。对爬行动物来说，由于没有形成大脑皮质，所以不能脱离本能，没有思考的能力。也就是说，爬行动物完全没有从多种可能性中择优选择的灵活能力。

爬行动物脑之后出现的古哺乳动物脑比爬行动物脑进步了一层，除了吃与繁衍的基本本能之外，还产生了对子女的母爱。这与没有食物就吃幼崽的爬行动物相比是一个巨大的进步。我们来做个实验。把雌性幼鼠的大脑皮质从大脑中切除，它在成为鼠妈妈后能正常地保留母性。为另一只实验鼠保留大脑皮质，只切除哺乳类固有的原始部分，结果发现鼠妈妈对幼崽毫不关心。母爱是古哺乳动物脑中出现的本能，但是母爱这种新的本能也不是完全代替了爬行动物的原始本能。觅食、繁殖、躲避天敌是生存所必需的基本本能，在进化过程中，生命不断增添新的能力，于是本能的数量增加了。

古哺乳动物脑在进化中还有另外一个重要的变化源自夜行性。哺乳动物最早的祖先在恐龙横行的时代为了生存，只能于夜间活动，白天躲在昏暗的洞穴里。持续了1亿年的夜行性使得脑中负责嗅觉功能的部分相比视觉部分得到了扩增，最终成为最重要的部分。嗅觉作为主要功能的时候脑并不是很大。恐龙灭绝之后，哺乳动物的祖先摒弃了夜行性，开始在白天活动，此时视觉功能变得愈发重要了。因为要同时处理嗅觉信息和视觉信息，于是作为信息处理机构的脑就变得更大了。脑在坚硬的头骨里一变大，就出现了褶皱，就好像折叠过的纸一样。这一部分就叫大脑皮质。脑出现褶皱的现象只能在脑比较大的动物身上看到。大脑皮质急速增长的现象在猴子等灵长类身上也有体现。作为参考，从重量占比来看，大脑皮质最大的动物是人。

掌管爬行动物和哺乳动物本能的原始脑，由于被大脑皮质包围，所以不易被发现。但是原始脑并不是像化石一样的历史痕迹，而是作为人脑的一部分仍在活动。我们的脑中存在着支配人类理性的大脑皮质和爬行动物、古哺乳动物的脑。在遥远的未来，我们子孙后代的脑中会不会出现超越了大脑皮质的第4代脑呢？

对脑的研究目前还处在起步阶段。我们依然不清楚作为神经细胞团的脑是如何产生意识和心智的。说不定通过脑科学，通过对脑的研究，我们能知晓处在时空中的我们存在的意义——从137亿年前宇宙诞生的瞬间起到现在和未来。就像爱因斯坦的相对论开创了一个新时代一样，揭开脑的神秘面纱的那一天，对于人类文明来说又会是一个新的里程碑。

运动的诞生就是动物的诞生。好比安静的家庭里如果有小孩出生，就会变得热闹起来，移动的生命，即动物的诞生给单调的绿色地球带来了无限生机和活力。自从装备了"视觉传感器",动物可以游走,可以爬行,可以跑跳,可以飞翔,在捕食与被捕食的过程中竞争,共同合作。朝着既定方向统一行动的话需要一个优秀的导演。最初不过是无数神经节的集合的脑不知不觉间经历了生命进化的历史,开始能够区分敌我,懂得诱惑和接受交配对象,有时会忍耐,甚至学会了欺骗。岂止这些?如今,脑已越过思考"我是谁"的哲学问题,试图创造出和自己完全相同的存在。

以上我们观察了所有生命多姿多彩的面貌,从肉眼看不到的细菌,到植物、动物。但是如果就此止步的话,就只能算看了半幅图画。我们还需要到生命奔跑的运动场去走走看看。只有认识了地球这颗充满活力的行星,才能在大历史中准确理解生命进化的历史。

回到大海的鲸

进化是持续进步的过程吗？人们曾一度把进化等同于发展或进步，认为微小的单细胞生物进化至真核细胞，经过多细胞生物阶段，再到鱼类、两栖类、爬行类、哺乳类，逐步变得更加复杂、精巧，而在进化的终点，那最高级的就是人类。

但令人意外的是，这种被认为是"进步"的过程还有很多信息被我们忽视了。藤壶是自由游走的甲壳类的后代，却放弃了独立的生活，依附在石头上或者船底。脊椎动物在3.6亿年前勇敢地踏足陆地，但是它们的一部分后代却在长期的陆地生活之后重新回到了海里，变成了新的动物。鲸就是其中之一。所谓进化，只是变化而已，并没有高级和低级之分。

鲸很久之前就是令科学家头疼的生物。关于分类学，林奈称："表面上貌似混乱不堪，但实际上生物界有着最井然的秩序。"尽管有这样的认识，林奈也因为鲸冥思苦想，不得要领。因为鲸和一般的鱼太不一样。鲸和陆地哺乳动物一样有着分为心室和心房的心脏，属于恒温动物，有肺，并且给幼崽哺乳。鲸有眼皮，所以可以眨眼。于是，林奈在为其分类时说："它们像鱼一样生活，却有着哺乳动物的结构。"

达尔文认为鲸的祖先是陆地动物。但是鲸的祖先经历了怎样的过程回到大海却不得而知，当时也没有找到连接现在的鲸和陆地动物的过渡动物，只知道熊可以跳入海中游几个小时捕鱼而已。

之后的120年间，古生物学家们不断发现鲸的化石，但是最久远的化石，甚至是4000万年前的化石也与今天的鲸没有根本的不同——脊椎很长，前肢呈蹼状，没有后肢。只是牙齿有所不同。现在的鲸要么没有牙齿，要么嘴里长着圆锥状的牙，但是，早期的鲸齿像陆地动物一样有着脊形齿。

1979年，美国古生物学家菲利浦·金格里奇在巴基斯坦北部发现了生活在陆地上的鲸的化石。有5000万年历史的化石的头骨与丛林狼的大小类似，头骨下方有一对像葡萄粒一样的"贝壳"，由一块S

巴基鲸的骨骼

生存在5 000万年前的巴基鲸是介于中爪兽和后来的鲸之间的动物，主要生活在水边，属于哺乳动物

形骨头连接着头骨。那是耳骨。真是令人震惊，因为只有鲸的耳骨长成这般模样。这种动物生活在浅溪边的矮小灌木丛中。动物学家将其命名为"巴基斯坦古鲸"，又叫"巴基鲸"，因发现于巴基斯坦，故而得名。

15年后，科学家们又发现了游走鲸的化石。距今约4 500万年前的这种鲸长着很大的爪，头骨和鳄鱼

鲸的进化

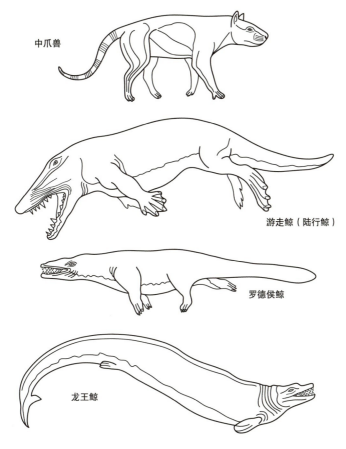

中爪兽

游走鲸（陆行鲸）

罗德侯鲸

龙王鲸

中爪兽被认为是鲸、牛、河马等的共同祖先，属于原始哺乳动物。游走鲸具有大爪和特大的头骨。20世纪后期，科学家相继发现了长着腿的罗德侯鲸和龙王鲸

的头骨一般大。这一时期的鲸依然像陆地动物，只是牙齿出现了微小的变化，开始捕食鱼等水中生物。但是不久之后，鲸进化出了适合游泳的形态。鲸的祖先最初像水獭一样利用短腿和尾巴游泳，4 000万年前之后就变成了与现在的鲸相似的模样了。

关于鲸最近的祖先是什么，学界仍然众说纷纭，但重要的是，曾经是陆地哺乳动物的鲸经历了渐进式的变化后又重新变得和鱼类相似了。因此鲸对于把进化和进步等同视之的人来说，很明显是个大麻烦。

动物惊人的适应力

成年皇蛾大如餐盘，巨大的翅膀上有土黄色和灰色的花纹。皇蛾的翅膀模样凶狠，像是两条蛇血口大张，可以借此摆脱天敌，自我保护。

动物将色素用作伪装还是警示与环境有关。比如在 17 世纪时，斑蛾的翅膀呈灰色，落在银灰色树皮上是看不出来的。但是随着工业革命浪潮席卷英国，工厂烟囱开始冒出浓浓的黑烟，整个城市变得灰蒙蒙，工厂附近的树也开始发黑。浅灰色的斑蛾在黑色树木的衬托下逐渐能够被看到，伪装失去了效果，更容易被捕食者发现。但是，事情还未结束。新的环境更有利于携带黑色素的其他飞蛾生存。而黑色飞蛾数量增多的同时，工业区的斑蛾也都开始变黑，适应了新环境。

随着水深的增加，海水吸收光的比例根据光的波长而变化。深海中，包括紫外线在内的红光和紫光被

鮟鱇和旗鱼

生活在深海的鮟鱇（上）大体呈红色。在深海，它们看上去呈黑色，或看不清。旗鱼（下）在水外呈现漂亮的蓝色，但是如果放到大海里，由于反荫蔽原理，看上去就像是消失了

完全吸收。水下 10 米左右时就只剩下青色了。200 米以下就只能看见蓝色了。深入 200 米以下的话，红色的动物就会变多。到达 200 米位置的光只有蓝光，那么海洋生物看起来会怎样？红色色素吸收所有颜色的光，只反射红光，蓝色的光会被全部吸收，于是红色的鮟鱇在深海就看上去发黑，或是看不清。

在中间水层生活的旗鱼，需要解决上下两个方向的问题。从下向上看的话上面很亮，从上向下看的话，昏暗的深海成为背景。所以旗鱼想隐藏自己，就要让上面暗、下面亮才行。旗鱼就是背部发蓝，腹部发白。这叫作反荫蔽。

决定视觉伪装和夸示之间平衡的不只是色素。大小、形态、行为都会给他者带来很多信息。士兵们戴上大帽子可以让自己看起来更高大。河豚在遇到危险时也会把自己鼓起来以显示强大。蟾蜍在遇到蛇的时候会本能地伸长腿，使自己看起来比平时长三倍，以为捡了"软柿子"的蛇突然面对这么强大的家伙瞬间就退缩了。在有光的环境下，视觉上的外形大大影响着物种间的相互作用。

想要成功伪装，甚至要考虑影子问题。甲虫呈半球形。，躲在树上的甲虫若有了影子，就没有伪装效果了。如果身体呈球状的话，就会有影子。但如果是半球形，无论阳光从哪一侧照射，都不会产生影子，这就起到了保护自己的作用。

进化的钥匙

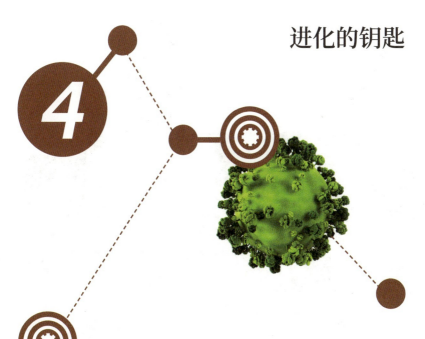

4

人们看到重重的锁头锁着的箱子，就会不禁好奇，里面到底放了什么重要的宝贝，需要锁得如此牢靠？现在我们就要打开这个箱子，一个装着进化原理的箱子。进化让生命变得复杂，变得多种多样，变得丰富多彩。要想打开这个箱子，就需要一把钥匙。那么，打开进化之箱的钥匙会是什么呢？

进化是偶然与选择绝妙融合的艺术。首先让我们想一想生命进化的重要属性之一——偶然性。偶然性无异于掷骰子，是用逻辑和理性无法预测结果的。因此，偶然性曾一度被比作怪物。因为无法预测就意味着无法控制。现在我们也是如此。如果知道偶然发生了某件事，总觉得哪里不舒服，因为没有原因的结果是不容易被理解的。

但是偶然性是一种不可否认的自然属性。正是由于偶然性，我们人类身处的生命之树才会比任何复杂的系统更复杂、更丰富多彩。现在我们已经找到了一把钥匙，那么就来正式地了解一下吧。

濒临灭绝的香蕉

香蕉曾是令人憧憬的水果。过去香蕉是多么宝贵啊，一个班级外出郊游时，班里只有一两名同学带香蕉来。但是不知从何时起，香蕉成了小区超市里物美价廉的水果。可是，据说香蕉快要灭绝了，究竟发生了什么事呢？

香蕉的种植最早起源于公元前 5000 年左右的马来半岛附近。现在世界上有数百种香蕉，但是我们能吃的香蕉只有一种。其他的野生香蕉很难吃，果实里满是又大又硬的籽。最初人们种植香蕉的时候，不是为了吃它的果实，而是为了挖根吃。在这个过程中，出现了没有籽的突变，于是就有了今天的香蕉。

无籽香蕉的培育方法特别简单。收获香蕉的果实之后，砍掉根部以上的茎，6 个月之后又会长出新的茎。光把根部移植别处也能结出香蕉来。农场里大规模生长的香蕉都是遗传上完全相同的复制品。从香蕉的角度看，只是相同的基因进行繁殖，遗传多样性得不到保障，对环境变

食用香蕉和野生香蕉

可食用的卡文迪什香蕉（左）个头大，无籽。野生香蕉（右）个头小，全是籽，不能食用

化的适应力就相当低。这种状况下，当病虫害席卷而来时很有可能导致香蕉灭绝。

这种事情真的发生了。在 1950 年以前，果农们主要种植的是格罗·米歇尔品种。由于格罗·米歇尔品种味道香浓，皮很厚，可以长距离运输，因此具有很高的商品价值。但是巴拿马病出现了。格罗·米歇尔品种对巴拿马病缺乏抵抗力，巴拿马病瞬间扩散，这一品种的香蕉大面积死亡。从 1960 年开始，格罗·米歇尔香蕉生产中断，现在在很多国家处于几乎灭绝的状态。

以后会永远吃不到香蕉了吗?
所幸人们找到了能很好抵御巴拿马
病的卡文迪什香蕉。虽然比起格
罗·米歇尔来说味道和香气有些
逊色,但是当时也没有别的办法
了。可到了20世纪80年代,出现
了变种巴拿马病,卡文迪什也无法
抵御,开始枯死,当时仅在台湾
地区,卡文迪什香蕉有70%死亡,
唯一能吃的香蕉也陷入灭绝危机。

巴拿马病

1903 年在巴拿马首次发现了巴拿马病。病原菌通过水和土壤感染香蕉的根,对香蕉造成致命伤害,被称为"巴拿马癌"。患此病后香蕉叶子变成褐色,之后枯死。

我们所吃的香蕉只来自一种品种,这是件危险性极高的事情。所幸,中国的科学家已在香蕉抗病品种培育方向取得重要突破。

变异

所有物种的个体都会留下彼此相似的后代,或是和自己相似的后代。但即使是后代,兄弟姐妹也不尽相同,与父母也会略有差别。这种个体间表现出不同特性的现象就是变异的一种。身高、体重、面孔、行为特点等等,各个方面的所有微小差异都属于变异。虽然变异是先天遗传自父母,但在成长过程中受环境影响也会出现新的"变异"，有时两种要素同时起作用。成长过程中出现的"变异"不会遗传给子孙后代，例如整容手术塑造的脸部特征是不会遗传给孩子的。那么发生变异的方法有哪些呢？

交配，即生物学上所说的繁殖是寻找不同的过程，会制造出多种多样的变异。虽然不够浪漫，但确是事实。雌鼠根据提供食物的能力和气味来挑选与之交配的雄鼠。雌鼠利用气味挑选配偶是因为诱发气味的物质和体内的特定基因相关联。雌鼠通过气味挑选携带自己没有的基因的雄鼠。大部分的生命体都会与其他基因结合，通过有利于生存的变异来进化。

提起变异，我们常常想起"突变"。虽然发生概率非常小，但 DNA 在复制过程中会发生突变。基因本身发生形变，作为 DNA 载体的染色体一部分消失、重复复制或位置改变，这些都会导致突变。极少数偶然出现的突变有利于生存和繁殖，出现的新个体可以被划为新物种。

新的变异导致新物种划分的另外一种情况是，从其他群体引入新的基因导致本群体发生变化。如果韩国人不染发也想拥有金发会怎么做呢？很遗憾，韩国人的基因库中没有让头发变金的基因，要想拥有金发，只能和金发的外国人结婚，寄希望于孩子拥有金发。

种群

种群是什么呢？首先来看看生物学家厄恩斯特·迈耶为它所下的定义：

> 所谓种群，是实际上或者潜在的能相互繁殖的个体的集群，与其他的集群在繁殖上是隔离的。即，种群是指有着共同的特征，并且在自然中可以互相交配的生物体的集群。

有些种群是很容易区分的。人和鲸谁都能看出来是不同的种群，苍蝇和青蛙也不能交配。但是有些种群极为相似，难以区分。比较确定的方法之一就是，把两个种群放在一起，观察它们能否成功交配和繁殖，不同的种群是不能繁殖有生育能力的后代的。草蛉表面上看起来一样，实际上分为不同的种群。科学家可以根据雄性草蛉引诱雌性草蛉的歌声区分种群。雌性草蛉只会对同种的雄性草蛉的歌声做出反应，不会与其他种群的雄性交配。

交配时间不同的情况也很多。秋天繁殖的西部斑点臭鼬和冬天繁殖的东部斑点臭鼬交配的可能性很低。可以交配的雌雄动物的性器官就像是正好配对的钥匙和锁。有的昆虫即使是亲戚，不同种群间也无法交配，因为雌性和雄

马和驴交配后生出骡

马

驴

骡

骡是马和驴交配的后代，持久力、忍耐力很强，但是不能生育，因此没有后代

性的性器官不匹配，精子就无法正常传送，即使是交配成功了也很难受精。一般哺乳动物的精子是无法在其他种群的雌性体内存活下来的。

即使受精成功了也依然有问题。来自不同种群的精子和卵子相遇后会产生杂交种后代，但杂交种后代尚未成熟就夭折的情况很多，即使健康成长也可能不孕不育。骡是母马和公驴杂交的后代，骡比纯种马和纯种驴更加温顺，便于驯化。骡力气很大，耐力很强，因此常被用作运输工具。但是，骡不能生育。

但生物界也有例外。有的杂交种具备父本和母本所不具备的突出的适应能力，甚至还具备了繁殖能力。向日葵就是这样。学者们发现了重瓣向日葵和叶柄向日葵杂交后的品种。这种杂交品种在母本无法适应的极端环境中也能茂盛生长。它们有的在沙漠的干燥沙土中生长，有的在盐沼中生长。

单靠一个基因的突变是很难造就适应全新环境所必需的变异的。与此相比，杂交种能同时提供数百个，有时能提供数千个变异。多亏了这种大规模的变异，向日葵杂交种才能在一代之后完成壮丽的生态进化。

性选择和建造亭子的园丁鸟

多亏雌性选择雄性的独特眼光，种群才得以区分。我们再来仔细分析几个事例。这种"眼光"和"选择"被称为"性选择"。一般地，有着华丽外表的雄性根据性选择进化而来，是为了让雌性确认自己就是最佳配偶。

在澳大利亚有 15 种园丁鸟（根据分类方式的不同，也有 10 种的说法）。除两种之外，其余的雄性园丁鸟在

园丁鸟的亭子（求偶亭）

园丁鸟有不同的筑巢方式。缎蓝园丁鸟的亭子（左）和冠园丁鸟的亭子（右）。缎蓝园丁鸟把树枝整齐地排成两行，建成通向亭子的小通道。冠园丁鸟把树枝摆放得整整齐齐，再把花朵或玻璃片等闪闪发亮和漂亮的东西衔来，把亭子装扮得漂漂亮亮

向雌鸟求爱的时候都要建造漂亮的房子或庭院。雌鸟会参观好几座房子，仔细检查它们是否优秀和端正。雌鸟来访时，雄鸟会唱歌跳舞，慢慢地向上展开翅膀，突然扇动，或是平展开翅膀，还会在雌鸟周围蹦蹦跳跳再停下来。但是雌鸟不会停留太久，而只是大概看一下，甚至在表演结束前就飞走了。

　　雌鸟到处看看之后会开始自己筑巢。下功夫一周建好

鸟巢，之后再去访问上周见过的几只雄鸟，这一次它会看完整个表演。如果满意的话，雌鸟就会跟着雄鸟进入亭子。与雄鸟完成交配的雌鸟会飞回自己的巢，产下鸟蛋，孵化幼鸟，自己抚养，不再见雄鸟。而雄鸟则会在两个月的繁殖期里继续引诱其他雌鸟。

雄鸟建造漂亮的房子或院子，又是唱歌又是跳舞，这些与雌鸟有什么关系呢？雄鸟的房子和唱歌跳舞的行为是在向雌鸟宣告某种重要的事情。筑巢需要花费大量的精力。研究表明越健康的雄鸟脑就越大，就越会筑巢。也就是说，巢和庭院的质量暗示了雄鸟的健康程度和基因是否优质。基因虽然不能直接看到，但是可以通过它表达出的种种外在属性来确认。房子的品质和装饰物的多少表明雄鸟有多少寄生虫，寄生虫越多，房子就越乱。另外，雄鸟跳舞是在炫耀自己羽毛的品质。如果羽毛鲜艳斑斓的话，雄鸟体内的吸血寄生虫数量就少。雄鸟的这种夸示行为算是一种求爱。雌鸟基于要给予后代良好基因的本能来选择雄鸟。

神秘中的神秘——种群分化

由于地理上的分离，同一种群被长期分成两个集团，那么会出现怎样的情况呢？即便遗传上属于同一种群，没有发生交配的群也会变成相互独立的种群。地理上的隔离和性选择的协调作用导致同祖的种群分化为不同种群，这被称为"种群分化"。分离出的两个群体各自适应自己所处的环境，在进化的道路上前进。随着时间的推移，两个种群之间的差异越来越大，最终变得完全无法相互交配。即使偶然完成了交配，后代的存活率也极低，不具备繁殖能力。

政治军事上的危险纷争地带，或是人潮拥挤的地方被称为热点。虽然种群分化的速度根据场所有所不同，但是

有的地方会进行得格外迅速，形成丰富多样的种群。这样的地方就是种群分化的"热点"。

非洲的坦噶尼喀湖有很多种慈鲷。它们虽然广泛分布于热带地区，但是在坦噶尼喀湖、马拉维湖和维多利亚湖尤为繁多，大部分都是遗传上很近的亲戚，被称为"近缘种"。

在特定地区出现爆发性种群分化的原因是什么呢？热

坦噶尼喀湖的慈鲷近缘种

坦噶尼喀湖的慈鲷在封闭的水域中生活，各自适应环境并进化，形成了多种颜色和多样的形态，它们彼此属于近缘种

点具有环境变动剧烈、极其不安定的特征。坦噶尼喀湖地理环境特殊，包括坦噶尼喀湖在内的三个湖位于东非和中非的边界，也就是位于大裂谷地带。当地地壳运动较多，湖水水位变化也很大。对一些种群来说，周围的生存环境变好了，栖息的区域扩大了。但是突然间，环境恶化，广

根据食物不同而变化的地雀的多种喙型

1. 种子
2. 仙人掌
3. 果实
4. 昆虫

食物不同，地雀的喙型明显不同

阔的栖息地在地理上由于某些原因被隔离。不能适应环境的个体消失，适应环境生存下来的变异个体就形成新的种群。这种情况不断出现，丰富多样的变异就共存了。

进化的隐形推手——自然选择

1977 年，由于严重的干旱，加拉帕戈斯群岛上的食物严重不足。岛上栖息的地雀在 1 年之内数量由 1 200 只锐减至 180 只。科学家们发现存活下来的地雀比死亡的平均体重重 5%，旱灾之后鸟喙的长度和厚度也都有所增加。

为什么会出现这样的变化呢？原来在干旱最严重的时候，地雀能够吃的东西只有又尖又硬的种子。体型大、喙长的地雀能够很好地磕开大而硬的种子。虽然只有一年，但这是干旱这一环境变化"选择"地雀大小的一个实例。

于是，干旱过后，地雀向着喙与体型都增大的方向进化。当然还有另外一个原因，那就是雄雀的体型和喙比雌雀更大。在干旱中存活下来的 180 只地雀中有 150 只是雄雀，也就是 1 只雌雀对应 5 只雄雀。针对雌雀，雄雀之间展开了激烈的竞争。在竞争中获胜的那些雄雀是体型和喙最大的一批。自然选择再次引领物种向着获取更大体型和更大喙的方向进化。

为什么地雀不从一开始就朝着更大的体型进化呢？干旱过后洪水到来，小小的加拉帕戈斯群岛上能吃的种子变得不同了。比起又大又硬的种子，小而柔软的种子数量明显增多。体型大的鸟为了吃饱就得吃更多的小种子。这次体型小更利于生存，结果地雀群体的形势发生逆转。类似加拉帕戈斯群岛的变化无常的生存环境引领着多彩而丰富的种群分化。

进化的骰子游戏——遗传漂变

因为进化工具箱中不可预测的偶然事件，种群内的遗传结构（基因频率）发生了改变。这种现象被称为"遗传漂变"。

我们假定一种情况。一艘船突然遇到暴风雨翻船了，男人和女人奇迹般地漂流到了无人岛上。长时间没有救援船到来，结果两人在岛上结婚生子，组建了家庭。就这样几代过去了，那么生活在无人岛上的人，他们的基因会有什么特征呢？最初组建家庭的男人和女人（创始者）的基因，和后来增加至数百名的后代的基因库，在基本构成上没有多大差别。但是，如果遭遇沉船的男人和女人中间有任何一人的基因中有致命缺陷，或是对特定疾病表现脆弱，那么只要没有幸运地出现必要的突变，这个家族的子子孙孙都无法摆脱基因带来的诅咒。

实际上自然中像这样始于少数个体，甚至始于一个接收了有基因缺陷的精子的母体的种群不在少数。为数不多的个体从原来所属的集团中隔离开来，那么这个小群体就会形成一个种群，创始者携带的遗传特性会常见于这个种群。这被称为"创始者效应"（亦称奠基者效应、建立者效应、始祖效应）。这种事情通常发生于鸟或昆虫因暴风雨流落到荒岛后，或是发生在被大海冲走的种子扎根新大

哈布斯堡家族的凸颌畸形

由于近亲结婚，凸颌基因代代相传，成为哈布斯堡家族男子的普遍特征。从左上起分别是马克西米利安一世、查理二世、腓力二世、利奥波德一世、腓力四世、查理五世

陆后。还有一种情况是原来的栖息地由于某些原因被孤立，为数不多的个体留下来繁衍后代。这种在环境上被隔离的栖息地叫作"栖息地岛屿"。

　　人们也会故意制造这样的岛。奥地利的哈布斯堡家族为了维持血统的纯洁而选择近亲结婚。最初并没有什么问题，但是过了几代之后，男性后代出现了下巴异常突出的凸颌畸形。由于畸形过于严重，查理二世的上下齿无法咬合，一辈子只能吃流食。像这样，由近亲结婚导致的遗传漂变引发了遗传病的"创始者效应"。

另一方面，地震、洪水、干旱、火灾、地壳运动等突然的环境变化导致个体数量急剧减少，造成遗传漂变，这种现象被称为"瓶颈效应"。出现瓶颈效应的话，一部分基因会增加，一部分会减少，还有一部分会完全从基因库

遗传多样性和狼群社会

2003年2月，英国皇家学会提交了一份报告：《关于切断其他种群流入造成进化受阻的狼群结构分析》。20世纪60年代，大家都以为斯堪的纳维亚半岛的狼灭绝了。但是在1983年，有人在瑞典南部地区偶然发现了十几只狼。该地区与其他狼生活的波兰、俄罗斯相距900千米。DNA分析结果显示，这群狼都是一对狼的后代。1991年，狼群的个体数量开始增加，2002年达到近100只。周边环境没有任何变化，繁殖能力却突然提高，这是发生了什么？科学家提取了狼群的DNA，分析后发现本地狼群的DNA中混入了其他狼群的DNA。从遥远的外地跑来的狼传递了保全狼群社会的新基因。有繁殖能力的个体在相互隔离的群体间移动所造成的基因转移被称为"基因流"。这证明，新加入的狼不仅能改善群体的健康，也能改变群体的未来。

瓶颈效应

原来的群体　　　　发生瓶颈效应　　　　剩下的群体

在瓶子里装上 30 个白珠、60 个蓝珠、10 个黄珠（比例为 3∶6∶1）。把瓶子倒过来晃动，数数掉出来的珠子，从瓶口掉落的珠子的颜色比例和原来的不同（1∶4∶0）

中消失。但是总体来看，遗传变异呈减少趋势。变异是适应环境变化所必需的，因此变异减少可能会给生存带来麻烦，更有甚者会固化稍有害的基因。

过去猎豹广泛栖息在非洲和亚洲。但是在经过 1 万年前最后一个冰期后，猎豹的个体数量急剧减少。19 世纪，由于人们的大肆捕猎，猎豹几近灭绝，猎豹种群再一次受到打击。现在自然存在猎豹种群只有三个，猎豹种群内部的遗传变异与其他哺乳动物相比相当之低，相当于在实验室繁殖的小白鼠的水平。猎豹的遗传危机表现为精子数量减少，雄性猎豹无论多努力交配，都不容易使雌性猎豹受孕。现在剩下的猎豹集中在自然保护区或者公园。聚集在一处生活的它们，当遇到致命的疾病时，就极有可能遭遇灭绝。

进化的米达斯——人为选择

大约在 1 万年前，人们就认识到了植物和动物有各种变异，并逐渐学会选择某些特点鲜明的个体单独培育，将其培育成满足人类需要的作物或者家畜。如此一来，人就成了种群分化的米达斯。典型的例子是，原始的卷心菜在人类的培育下有了许多品种，如球形卷心菜、羽衣甘蓝、花椰菜、芜菁、大头菜，甚至凶猛的狼也被人类驯化成了宠物。

俄罗斯生物学家德米特里·贝

米达斯

古希腊神话中的国王，向神求得法术，凡是他的手碰到的东西都会成为金子。后来连他疼爱的女儿也变成了金子，于是他就放弃了这种点物成金的能力。

人为选择

由灰狼进化而来的狗。近 200 多年来人类进一步通过人为选择改良狗的品种，目前已经分化出 400 多种狗

利亚耶夫进行了驯化具有攻击性的野生狐狸的实验。他选出种群中最温顺的狐狸令其繁殖，在它的后代中也选出最温顺的令其繁殖。经历 50 年 18 代后，像宠物一样耷拉着耳朵，与人亲近的狐狸诞生了。这些特征是野生狐狸绝对没有的。

温顺狐狸的毛色变成了亮褐色，与野生狐狸的深褐色不同。贝利亚耶夫认为毛的色素浓度和狐狸的温顺特征（性状）有关。肾上腺素关乎攻击性行动，同时关乎皮毛的色素形成。温顺狐狸的肾上腺素浓度低，皮毛色素浓度低，所以呈亮褐色。像这样导致一个性状（温顺）变化的基因对其他性状（毛色）也产生影响的现象叫"基因多效性"。

莫忘灭绝之痛

"铭记死亡吧"的拉丁语"memento moli"源于罗马的凯旋仪式。在罗马，凯旋行进的战车上会载着奴隶。奴隶为了不让凯旋的将军陶醉在胜利的喜悦中，误把自己当成永远受人崇拜的对象，会轻声说出"memento moli"。这是一句我们应该反复体味的话。我们只不过是生命历史长河中，出现又消亡的无数物种中偶然存活的一种而已。曾经享受过全盛期的物种也经历了灭绝的过程。我们同样无法避免死亡。对于总是沉浸在"万物之灵长"的赞美中的我们，"memento moli"才是真实的箴言：万事万物，总有始终。

自然中出现的偶然性的典型代表就是物种的灭绝。地球从诞生到现在，环境可谓变化无常，而随着环境的变化，很多生命自然地从地球上消失，新的生命占据原来的生态位，如此反复，周而复始。在这过程中，很多物种在同一时期爆发式灭绝的现象被称为大灭绝。

到现在为止总共发生过五次大灭绝。第一次发生在距今约 4.4 亿年前的奥陶纪末期，当时存在的 27% 的科和 57% 的属都消失了。第二次发生在距今约 3.6 亿年前的泥盆纪，当时存在的生物有 70% 都消失了。第三次发生在距今约 2.5 亿年前的二叠纪，96% 的海洋生物和 70% 的陆地生物都灭绝了。这是生命史上规模最大的一次灭绝，被称为 "P-T 大灭绝"。第四次发生在距今 2.1 亿年前的中生代三叠纪末期，有 23% 的科和 48% 的属消失了。最近的一次是 6 500 万年前的大灭绝，75% 的生物消失了，包括曾统治整个陆地的各种恐龙，这个事件被称为 "K-T 大灭绝"。P-T 大灭绝是划分古生代和中生代的标志，而 K-T 大灭绝是划分中生代和新生代的标志。

以大灭绝为代表的这些灭绝事件，直到现在学界都无法就其原因达成一致。可能的原因有 20 余种，如气候变化、海平面变化、小行星碰撞、火山喷发等。可以明确的是有多种因素综合发挥作用，而且能够引起大灭绝的环境变化一定是全球规模的。地球并不是一个安静的行星，它像陀螺一样旋转，分为几个板块的地壳也在不断移动，炽热的岩浆还会喷出地壳。地球的活跃性起到了生命进化的催化剂作用，但也会摧毁目前形成的所有一切。下面简要介绍导致大灭绝的主要原因。

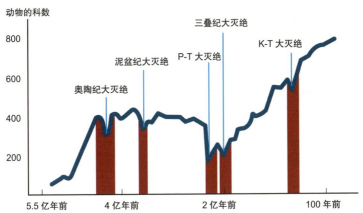

大灭绝年表

动物的科数

奥陶纪大灭绝

泥盆纪大灭绝

P-T 大灭绝

三叠纪大灭绝

K-T 大灭绝

800

600

400

200

5.5 亿年前　　4 亿年前　　2 亿年前　　100 年前

从古生代到现在，地球发生过五次大灭绝。大灭绝不是短时间内发生的，而是一定时期内无数种群急剧减少

地球冷却

在地球的历史上，整个地球曾周期性地冷却。地球温度下降，液态海水会减少，海平面降低，海洋生物数量锐减。另外，在植物难以生存的极端环境增多的情况下，陆地生物也难以生存。首先我们来了解一下地球冷却的几个原因。

天体物理学家米兰科维奇主张和地球自转、公转相关联的三个因素相互作用，导致冰期周期性出现。首先，地

离心率

圆的离心率是 0，椭圆形越是扁平，离心率就越接近 1。

球沿着椭圆轨道绕着太阳运动。表示椭圆扁平程度的是离心率。地球轨道的离心率由于受木星和土星重力的影响，每 10 万年发生周期性变化，这会改变到达地球的太阳辐射量，从而影响地球气候。其次，地球在公转轨道上以垂直公转轨道面的轴为基准公转，同时以大概 23.5 度倾角的自转轴（地轴）为中心进行自转。地球自转轴的角度以 4 万年为周期进行变化，变化范围为 22.1～24.5 度。根据倾斜角度的不同，到达地球的太阳辐射量也就不同。最后，地球的自转轴大约每 2.6 万年扫出一个倒圆锥体，从而造成岁差。在现在地轴的位置上，北半球在近日点为冬季，在远日点为夏季。但是在大约 1.3 万年后，地轴会反方向倾斜，届时近日点是夏季，远日点是冬季。

板块运动造成陆地分布发生变化也会造成地球冷却。地球接近球体，因此纬度不同，太阳辐射量也不同。大海是能量搬运工，利用洋流把能量从低纬度地区（赤道）运到高纬度地区（北极、南极）。洋流流向因陆地的分布而改变。如果洋流被陆地阻碍，无法把能量传到南北极，冰川就会增多，冰川反射的太阳辐射也会增加。太阳辐射的反射率增加，地球吸收的能量就会减少，那么冷却就会加

引起冰期的地球运动

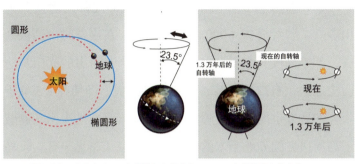

公转轨道离心率的变化　　自转轴倾角的变化　　自转轴方向的变化

地球的周期性运动影响地球的气候，引发周期性的冰期

速，冰川就会持续增多。根据雪球地球假说，在寒武纪结束之前整个地球都被冰川覆盖。

但是全球规模的冷却大部分都是逐渐完成的，生物有充分的时间适应寒冷，而且即使在冰期，赤道附近仍然是温暖的。一般的冰期循环不会导致大灭绝，较短时间内许多物种消失的大灭绝缘于地球的急剧变冷。

雪球地球假说
地球的气温跌至零下 50 摄氏度以下，整个地球被冰川覆盖，处于全球性冰期。

火山爆发与核冬天

1815 年 4 月，印度尼西亚松巴哇岛北部的坦博拉火山爆发。曾经海拔 4 000 米以上的山，在爆发时山顶被削去，如今高度只剩下 2 850 米左右。当时喷出的火山灰达历史之最，有数百亿吨。爆发声响巨大，即使在 2 500 千米外的地方也能听到。喷发至 500 千米高空的火山灰遮蔽了岛周边方圆 600 千米的天空，整整三天暗无天日。仅岛上就约有 1 万人死亡，之后的几个月时间里，由于疾病和饥饿又有约 8.2 万人死亡。

当时火山灰飘至平流层，太阳光被反射，影响延续至 1816 年，那一年全世界都没有夏天。在美国东北部 6 月还结霜，耕地上冻无法耕作，雪覆盖了山野，树叶也变得乌黑。寒冷持续到 8 月，导致那年冬天谷物价格暴涨，玉米价格上涨了 2 倍，小麦上涨了 5 倍。

同一时期据《朝鲜王朝实录》记载，纯祖十四年（1814 年）的人口普查显示总人口为 790 万，到纯祖十六年（1816 年）只有 659 万，减少了约 130 万人。人们推测可能是歉收和饥荒导致一部分人恢复刀耕火种或成为盗贼、流民，他们在人口普查时未被记录在案。纯祖实录中写道，"多道出现饥荒和传染病，京畿断粮"，"赈济庆尚道九万余人粮食八千余石"。

如此超大型火山爆发造成全球性气候变化。以 P-T 大

灭绝为代表的数次灭绝事件现在都被认为是由西伯利亚、印度德干高原、大西洋中脊等地数十万年持续的巨大火山活动造成的。

火山流出的熔岩只影响火山周边地区。当然，西伯利亚暗色岩、德干暗色岩、大西洋中脊之类的大规模喷发的影响范围相当广，但并不能因此就说它给整个地球造成了巨大影响，反倒是前面提到的坦博拉火山爆发时长时间大规模喷出的火山灰影响更大。超大型火山爆发所喷出的火山灰升至平流层，蔓延全世界。覆盖了整个平流层的火山灰遮挡住了阳光，使得到达地球的太阳辐射量一时锐减，于是出现了整个地球温度下降的核冬天现象。

暗色岩

被熔岩覆盖的地区发生侵蚀现象，逐渐形成阶梯式地形。

海平面变化

海平面的变化主要和冰川的形成紧密相关。北极的冰川是海水冻结而成，南极的冰川则是覆盖大陆形成的大陆冰川（又叫大陆冰被、大陆冰盖）。这两种冰川差别很大。假如把冰放入杯子中再加满水会怎样？冰块会浮上来。如果冰融化掉又会怎样呢？水变成冰，体积比原来

北极和南极的冰川

北极的冰川（左）是由海水冻结形成，南极的冰川（右）是大陆上堆积的雪冻结形成的大陆冰川

增大 10%。也就是说增大的 10% 的体积会使水平面上升。因此，如果冰融化掉，体积将减小，水不会溢出杯子。

　　北极的冰川大都是在海上浮动着的冰块，也就是说，即使冰块融化，海平面也不会整体上升。但是南极的冰川就不同了。按照整个地球的水量来计算，陆地上所有的水不过是海洋的 2.8%，但大陆冰川为海洋的 2.3%。虽然 2.3% 看起来很少，但是南极大陆冰川如果融化，海平面将不可避免地上升。如果地球变冷持续加剧，陆地冰川堆积，海平面就会下降。

海平面的上升会造成大陆架面积缩小。简单来说，从海岸线延伸到大陆坡为止的比较平浅、水深 200 米的海底区域被称为大陆架。如果海平面降低，大陆架的大部分区域就会变成大陆，原本生活在这些地方的生物会因为栖息地缩小而展开竞争，许多海洋生物因此面临灭绝的危险。

全球变暖

目前，全球变暖已成为突出的环境问题，对生态界而言也是一大灾难。大气中的二氧化碳或者其他因素导致地球平均温度总是反复无常。问题是每当温度急剧升降时，生物就会遭殃。看一看韩国东海岸的水温变化和由此引起的生态紊乱就明白了。20 世纪 70 年代，东海岸的平均水温是 16 摄氏度，但是 2000 年却达到 17 摄氏度。1 度的变化会使明太鱼之类的冷水性鱼类灭绝，原来夏季才能捕到的鱿鱼一年到头都能捕捞。陆地也是一样。平均温度稍微上升一点，松树之类的针叶树会在与阔叶树的竞争中失利，生存区域越来越小。

全球变暖使北极和南极的冰川融化，海平面上升，海水的循环会停止，变得温度低、盐分高，密度变大。密度大的海水向下沉降，慢慢移动，形成"热盐环流"现象。这种环流可以调节整个地球的温度，海底的无机养分随之

韩国东海岸水温变化和渔获量

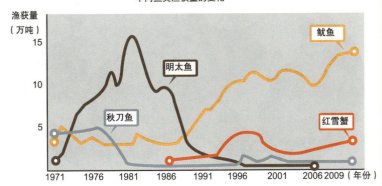

不同鱼类渔获量的变化

渔获量
（万吨）

鱿鱼

明太鱼

秋刀鱼

红雪蟹

1971　1976　1981　1986　1991　1996　2001　2006 2009（年份）

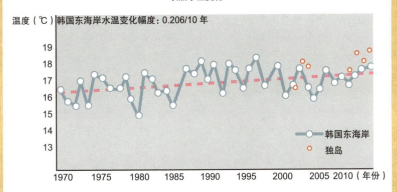

表层水温变化

温度（℃）韩国东海岸水温变化幅度：0.206/10 年

韩国东海岸
独岛

1970　1975　1980　1985　1990　1995　2000　2005 2010（年份）

水温逐渐上升，冷水性鱼类的渔获量减少，暖水性鱼类的渔获量增加

热盐环流

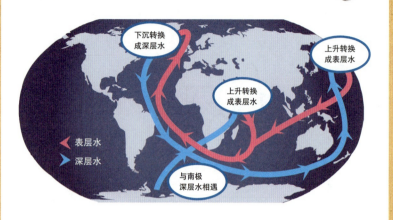

在格陵兰岛下沉的海水慢慢向深层移动，遇到南极的深层水后分成两股，流向印度洋和太平洋。流向太平洋的海流在太平洋上升成为表层水，和在赤道附近印度洋上升的海水相遇，再次回到格陵兰岛，如此形成了不断循环的热盐环流

循环并维持生态系统。但是北极的冰川因地球变暖而融化后海水的密度变小，不会发生沉降。结果，两极变得更冷，赤道地区变得更热。深层水提供的无机盐供应受阻，海洋生态系统的基础浮游生物面临生存危机。

小行星碰撞

长期争论不休的 K-T 大灭绝的原因几乎可以确认是

小行星碰撞后遭到破坏的通古斯卡河森林

直径约 30 ~ 50 米的小行星进入大气层后在离地 20 千米的空中爆炸，其冲击波使得通古斯卡河一带的树木瞬间折断燃烧

小行星撞击。实际上地球形成之初，天体碰撞是常有之事。因为地球上发生了侵蚀作用，所以当时的痕迹消失不见了，但月球和火星表面的巨大陨击坑依然保留着当时的痕迹。

1908 年发生在西伯利亚通古斯卡河附近的大事件，可以让我们切实感受到 46 亿年前小行星撞击地球造成的破坏。小行星或陨石高速接近大气层时其前部的空气瞬间压缩，呈超高温状态，所到之处皆化为灰烬。该小行星在进入大气层 1 秒后就到达了地面，但在撞击之前就化为气体了。不过，它形成的冲击波会摧毁数千千米以内的所有树木。

那么白垩纪时代小行星与地球撞击时造成的破坏又如

何呢？当时飞来的小行星直径约 10 千米，坠落到了浅海里。虽然冲击力相当于 10 亿颗原子弹爆炸，但不足以毁灭包括恐龙在内的 70% 的地球生命。学者认为，当时的大气中氧气浓度比现在高，有利于燃烧。遭到撞击的海底变成了富有硫黄的岩石地质。撞击之后产生的二氧化硫气体，导致整个地球下了数月强酸雨。小行星的撞击成了引发大灭绝的一系列生态破坏的开端。

提起灭绝我们常常会联想到火山爆发和陨石坠落后所有的生物都消失了，或者一觉醒来被冰川包围，所有生物都消失了，但事实并非如此。地球比我们想象的要宽广，生物有着超乎我们想象的坚强的生命力和适应力。大灭绝少则要历经数十万年，多则要历经千万年。在这悲剧时期，大多数生物坚强支撑，苟延残喘，最终消亡，而成功存活下来的生物就迎来崭新的时代，但留给它们的却是一个惨遭破坏的生态系统。对幸存者来说，这样的环境虽然残酷了些，但也意味着绝佳的机会：没有竞争者，没有捕食者，适应了这种生态系统就能迅速繁衍后代。如此生存下来的生命相互竞争，相互合作，不断填充着空缺的生态位。这种现象被称为"适应辐射"。

如果生命史中没有出现大灭绝会怎样呢？生物的多样性会增加到新的高度，但最终进化速度会减缓，达到一种平衡。大灭绝在生命进化史中起到的作用可能就是消除物种，减少生命的多样性，以此来确保新的革新所需的生态和地理空间。

我们不能忘记那些因人类而消亡的物种。今天，在大多数地区，狩猎并非为了生存，滥杀滥捕只为娱乐而已。为了扩大栖身之地，人类砍伐森林，填江埋河，污染水源。不知不觉间很多物种消失了。19世纪灭绝的北美黑琴鸡就是典型案例之一。北美黑琴鸡的灭绝经历了两个阶段。曾经数量众多、栖息地广泛的黑琴鸡，由于人类人口的增加，家园遭到破坏，再加上过度猎杀，数量逐渐减少。到1840年，黑琴鸡的生存空间就仅限于纽约长岛和宾夕法尼亚州的部分区域。到了19世纪70年代，就仅存于马萨诸塞州沿岸的马撒葡萄园岛。1908年，人们才开始采取措施保护仅存的50只黑琴鸡。在这之前，黑琴鸡的数量一直在减少。采取保护措施后，黑琴鸡的数量不断增加，1915年增加到约2 000只，但也仅此而已。

1916年美国发生了一场非人为火灾，火灾过后，寒冷恶劣的冬天紧随而至。再加上食肉性猛禽的入侵，黑琴鸡的数量再次锐减。当个体数量降低到一定水平以下，遗传漂变就会发生强烈作用。随着传染病的蔓延，就连仅存的黑琴鸡也束手无策，只能坐以待毙。1927年，雄性黑琴鸡剩下11只，雌性黑琴鸡剩下2只。1928年，仅剩下

1只，最终，黑琴鸡灭绝。而给黑琴鸡灭绝画上"圆满"句号的正是人类。值得注意的是，人类所画的终止符不仅仅是指向其他物种。人类为自己画上终止符的那一天，可能已经开始倒计时。

人为选择招致的禽流感

　　几年前，多个国家曾因禽流感而损失颇大。在防疫过程中，人们从候鸟的粪便中检测出了禽流感病毒。人们对此毫不惊诧。可能不光是候鸟，就连留鸟数千年、数万年以来也一直携带着禽流感病毒。以前候鸟也会因病毒而死亡，但并未成为社会性问题，因为在野生环境中几乎没有发生过候鸟集体病死的事件。

　　但是，养鸡场就大为不同了。一只鸡开始病恹恹，瞬间鸡场所有的鸡都会面临危险。因此，即便是一只鸡被病毒感染，暂时健康的鸡也会全都被拉走销毁处理。为什么对于野生鸟类根本不是问题的事情，而对于养鸡场的鸡来说，会出现如此残酷的集体死亡呢？

　　问题的核心在于变异。野生鸟类的种群由基因保持多样性的个体组成。就算其中的一两只受到病毒感染，病毒也不会轻易扩散至整个群体，而且抗病性弱的也只是部分死亡，基因不同的大部分个体都会生存

因禽流感导致的扑杀

如果发现禽流感疫情，从源头起方圆 3 千米以内的所有鸡鸭全都会被扑杀掩埋

下来。它们的后代会填补死亡个体所留的空位。但是，养鸡场的鸡境遇完全不同，它们长时间待在狭小的空间里，只会吃食和下蛋。经历长时间的人为选择，其遗传多样性降到非常贫乏的水平，就像前面提及的香蕉。如果在不亚于"克隆鸡"的基因库匮乏的鸡群中，有一只抗病毒性弱的话，那么，当禽流感病毒入侵养

鸡场时，所有的鸡迟早都会被感染。

　　检测出禽流感病毒的养鸡场，所有鸡都要扑杀掩埋，鸡场周边区域也被划为危险区域，严格管控对外接触，并做消杀工作。但是，根本对策难道不是遗传多样性吗？即便不像是野生鸟类种群，要想增加养鸡场里鸡的遗传多样性，增加变异才是生物学上的解决方案。有了遗传上的多种变异，只需扑杀感染了病毒的鸡就可以了，而那些抗病毒性强的鸡就会活下来。而且，让它们繁殖后代，抗病毒性强的鸡也会越来越多。

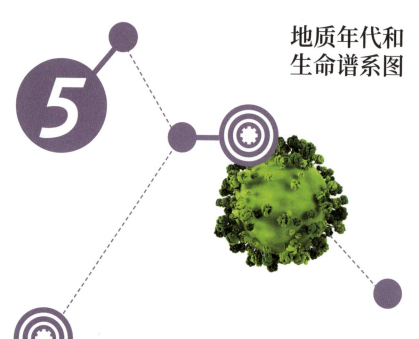

地质年代和生命谱系图

5

生命在适应环境的过程中，捕食与被捕食，斗争与合作，相生与相克，逐渐变得复杂多样。偶尔也会发生物种大灭绝，就像所有一切重新回到原始状态。而对此能一目了然的就是地质年代表。地质年代表把地球 46 亿年的历史按照几种时间单位进行划分，以十分重要的转折点作为划分时期的依据。

最大的时间单位是"宙"，其次是"代"，"代"又可以划分为"纪"。和划分"代"一样，划分"纪"也是因为前后出现过重要的生物学变化。"纪"下又分出更小的（最小的）单位"世"。比如，我们说今天的日期是"2016 年 3 月 10 日"，而用地质年代描述则是"显生宙新生代第四纪全新世"。正如提起 3 月，我们就会联想起阳光明媚的春天，如果了解了地质年代，我们就会想起那个时期独特的、典型的生命现象。

　　首先要看的时期是 5.4 亿年前到现在。5.4 亿年前在地质年代上被称为"隐生宙"，相当于地球历史上约 40 亿年的时间（今"隐生宙"这一名称已弃用，代之以早期为"太古宙"，晚期为"元古宙"）。"隐生"就是"生命隐藏"之意。隐生宙只是没有化石出土，但这一时期曾经悄然地发生过重要的生命进化历程。5.4 亿年以后至今被称为"显生宙"。"显生"即"生命显现"之意。人们可以通过这一时期的出土化石描述生命现象，也可以通过我们的肉眼观察生命现象，也就是说该时期的沉积岩里有丰富的化石。显生宙才是真正的生命灿烂时期。

　　显生宙又可以划分为三个时期。按照时间顺序分别为古生代、中生代和新生代。各个时期前后发现的化石种类都有明确的区别，是能代表各自时代的典型化石。古生代发现了很多以三叶虫为代表的有坚硬背甲的动物。中生代被称为"恐龙时代"，延续至今的新生代被称为"哺乳动物时代"。了解地质年代能使我们以整体视角观察 46 亿年的地球历史、生命历史，也能使我们关注如前所述的所有一切间的关系和相互作用，并进行综合观察。

地质年代表

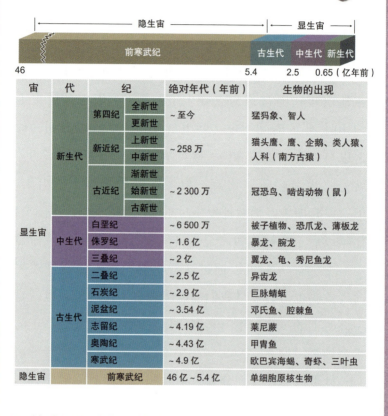

宙	代	纪		绝对年代（年前）	生物的出现
显生宙	新生代	第四纪	全新世	~ 至今	猛犸象、智人
			更新世		
		新近纪	上新世	~ 258 万	猫头鹰、鹰、企鹅、类人猿、人科（南方古猿）
			中新世		
		古近纪	渐新世	~ 2 300 万	冠恐鸟、啮齿动物（鼠）
			始新世		
			古新世		
	中生代	白垩纪		~ 6 500 万	被子植物、恐爪龙、薄板龙
		侏罗纪		~ 1.6 亿	暴龙、腕龙
		三叠纪		~ 2 亿	翼龙、龟、秀尼鱼龙
	古生代	二叠纪		~ 2.5 亿	异齿龙
		石炭纪		~ 2.9 亿	巨脉蜻蜓
		泥盆纪		~ 3.54 亿	邓氏鱼、腔棘鱼
		志留纪		~ 4.19 亿	莱尼蕨
		奥陶纪		~ 4.43 亿	甲胄鱼
		寒武纪		~ 4.9 亿	欧巴宾海蝎、奇虾、三叶虫
隐生宙		前寒武纪		46 亿 ~ 5.4 亿	单细胞原核生物

地质年代的划分以化石为基准

接下来让我们看看曾影响海洋生物和陆地生物生活空间的大陆移动和变化，了解一下 46 亿年以来的生命进化史吧。

2.5 亿年前

古生代

5.4 亿年前

前寒武纪

中生代

6 500 万年前

新生代

前寒武纪——生命隐现地球

美国作家比尔·布莱森在他的《万物简史》里描述了一个形象的比喻。在直立状态下把双臂向两侧完全展开，如果把左手指尖到右手指尖比作地球的历史，那右手指尖到左手手腕处就相当于前寒武纪（隐生宙）。所谓高等生物在左手手掌处出现，人类的历史只不过是指尖上的小斑点而已。

前寒武纪占据地球全部历史的 90%，在此时期生命首次出现。单细胞的原核生物之后，出现了真核生物。这一时期是变化虽小却意义重大的时代，是蓝细菌让整个地球充满氧气的革命时代。

重力的时代和熔炉地球

46 亿年前，太阳系形成，名副其实的重力时代到来。凡是有质量的物体，都有相互牵引的力量，即重力（万有引力）在相互作用。宇宙空间以较大的陨石为中心，长期以来，大大小小的陨石和尘埃不断地相互碰撞融合，使之变得更加巨大，逐渐形成现在的恒星和行星等天体。太阳周边的陨石和尘埃不断相互牵引，变成很多大大小小的星体，地球随之出现。陨石撞击产生的能量转化成热能就势传给地球。此时刚诞生的原始地球的表面好似一个沸腾的熔炉，没有任何立足之地。

炽热的地球经过约 5 亿年后逐渐冷却下来。混杂在一起的物质也开始各自确立自己的位置，重的物质下沉，轻的物质上浮。当地球表面温度降到 100 摄氏度以下，在空中飘浮的水蒸气终于凝结成云，落地成雨。地势低凹的地方蓄水成海，从此地球就有了海洋和陆地。

生命出现和生态循环

云层的形成和雨水的降落绝不是简单的事件。雨水降落时会裹挟着飘浮在空气中的二氧化碳和甲烷等气体来到地面。在地面流淌的雨水会冲刷或凿穿石头，把石头里面的各种成分冲到海里。如此经过数亿年，雨水所运送的各种物质掺杂在一起汇入大海，构成生命的材质也在其中。在海洋的原始海水里，某一天，生命开始萌动。遗憾的是，几乎没有任何信息资料能够提供这一时期存在的生命的模样。隐生宙，正如字面所说，是生命的律动被隐藏的时期。

能够确认时期的最早的生命体诞生于 38 亿年前，它们就是单细胞原核生物细菌和古细菌，微小到无法用肉眼观察。美国的古生物学家史蒂芬·古尔德曾经说过，细菌不仅是生命历史上最年长的老者，就算在今天，也是最成功、最繁荣的种族。

这些细菌和古细菌就算是在极端环境下也能繁衍生息。耐辐射球菌（细菌的一种）能够承受致人死亡的辐射剂量的 3 000 倍的辐射。极嗜盐菌能够在像美国大盐湖一样盐度极高的环境下生存。极嗜盐菌的蛋白质和细胞壁适合盐度非常高的环境，如果盐度降低到 9% 以下，则无法生存。极端嗜热菌能够生存在水温高达 90 摄氏度的温泉中。通常在如此高温下 DNA 无法以双螺旋结构存在，大部分蛋白质变质，几乎所有生物体的细胞会死亡。但是极端嗜热菌能在高温下保持稳定的结构，因此能够承受这样的高温环境。

细菌和古细菌什么能都吃。生活在动物消化器官里面的细菌能够分解不易分解的植物纤维。不仅如此，它们还能消化石头里面的铁、硫、锰等成分，还吃石油，甚至食用放射性物质铀。这些细菌和古细菌是分解者，能够分解世上所有的垃圾和尸体，然后再把它们返还给大自然。被分解的东西再次被生命体吸收合成，形成新的生命躯体。躯体死亡腐化，分解者把它们再次分解返还，从而形成无限循环。细菌和古细菌自生命诞生以来，为发展和维持地球生态系统做出了巨大贡献，是地球生命发展的幕后功臣。

阻挡紫外线的氧气

前寒武纪最令人瞩目的事件之一莫过于能够促进光合

叠层石

分布在澳大利亚沙克湾的叠层石。由进行光合作用和释放氧气的蓝细菌形成，像石头一样的表面是细菌的尸体

作用的蓝细菌的出现。蓝细菌通过光合作用把太阳能转化成生命可以利用的能量，这一事件发生在最早的原核生物出现后的 10 亿年以后。

在浅海里，蓝细菌释放出光合作用的废弃物和氧气。氧气首先充满海洋，然后在某一瞬间冲出海洋，开始在大气中蓄积。

氧气在大气中的蓄积有着非凡的意义。紫外线是一种能量较高的电磁辐射，能够从分子分离电子，分解蛋白质，破坏组织，甚至能把水分解成氧和氢。对于生命来说，紫外线算是死亡光线。幸运的是，大气中的氧气上升到平流层形成臭氧层，阻止了紫外线引起的水分蒸发（当然不是完全阻止），生命的生存空间得以保全。紫外线被阻挡，大气更加稳定，氧气持续积蓄，在寒武纪初期，氧气浓度就大体达到了今天的水平。

线粒体和真核生物的共存

在 21 亿年前到 16 亿年前，地球上出现了新形态的单细胞生命，具备包含遗传物质的核，拥有细胞器。这种生命体因为具备核膜而被称为真核细胞。真核细胞比原核细胞大100 ~ 10 000 倍。但是，维持如此大的躯体并非易事。拿汽车打比方的话，相当于一辆车需要加挂多个引擎或者一个更高效的引擎，或者开发更高效的燃料。当时生命体变大得益于氧气的充分供应。氧气对于有机体来说虽然是致命毒药，但同时又是极其高效的燃料，生命体通过呼吸氧气获得吸收必需能量的方法。把氧气和糖分结合，就能产生能量和少量水、二氧化碳。此时，生命体就需要能有效完成这一过程并为自己获取能量的细菌（呼吸氧气的原核生物）。

呼吸氧气的原核生物中的一部分在和单细胞真核生物共生时变成了线粒体。线粒体通过呼吸向宿主真核生物提

纤毛虫

属于原生生物，具有原始形态的核，被划为真核生物，全身布满纤毛，靠纤毛移动

供能量，宿主向线粒体提供必需的养料，各自保持原有的DNA，就像生活在同一屋檐下的一个家庭。搭载了线粒体引擎的真核生物开始具备维持和移动躯体所需的细胞骨架和多种细胞器。目前依然存在的这种单细胞真核生物被称为"原生生物"。原生生物种类繁多，主要有变形虫、裸藻、衣藻、绿藻、红藻、褐藻、纤毛虫、有孔虫等等。

单细胞真核生物开始形成复杂的群落。在群落里面逐渐出现分工和专能化。随着功能的固定，单细胞生物逐渐进化成了多细胞真核生物。古生代寒武纪前后出现的这一过程属于巨大变革。如果用人类历史来打个比方，相当于从家庭手工作坊向工厂转化的工业革命。现在让我们去下一站"古生代"看一看。

古生代——动物时代开启

古生代指的是从寒武纪开始的 5.4 亿年前起至 2.5 亿年前的二叠纪大灭绝的约 3 亿年时间。这段时间相当于显生宙的一半。多细胞真核生物中附带硬壳的三叶虫和鱼类开始繁盛，多种动物爆发式登场。古生代的生命离开长期生存的故乡大海，勇敢地来到了陆地。被称为现代文明发展跳板的碳也是在古生代开始大量堆积。经历三次大灭绝后，生物开始在废墟上重建家园，并展现出和以往完全不同的崭新面貌。成长、开拓、灭绝、重建，这部生命大剧又可以分成寒武纪、奥陶纪、志留纪、泥盆纪、石炭纪、二叠纪。

大陆漂移

2007 年美国《纽约时报》登载了一篇关于大陆漂移的报道。报道称，再过 2.5 亿年，现在各自分离的大陆会聚集在一起形成巨大的新大陆"终极泛大陆"。"终极泛大陆"的名称取自古生代末期的超级大陆"泛大陆"。

地壳分为几个海洋板块和大陆板块。板块每年都以几厘米的速度移动。如果用超高速摄像技术，把 10 万年压缩成 1 秒播放的话，就能观察到这些板块就像是漂浮在水面的树叶，忽近忽远，时而冲撞，时而分离。板块的移动会

终极泛大陆

有一种假说认为，约 2.5 亿年后，印度洋会像湖泊一样位于一个超级大陆的中央

造成火山、地震等现象，会形成弧形列岛、海岭等地形。板块移动引发的多次地壳运动急剧改变了生物的空间。

板块为什么会移动？曾经很多科学家支持"地幔对流说"，该假说认为地幔内部的温度差形成对流，位于地幔上部的地壳板块就会移动。只用地幔对流说来解释地壳运动有一定的局限性。最近另外一种主张更占优势。地幔和地核之间的高温物质上升到地幔上部，穿透地壳形成地幔柱，从而使地壳产生漂移。

古生代的大陆和海洋又是什么

地幔柱

从地核和地幔的边界面上升的炽热气柱和从地幔上层冷却下沉的冷气柱。冷的地幔柱将古老的海洋板块推入地幔，并继续推动，从而改变大陆的模样。

古生代的大陆漂移和分布

大陆向赤道附近移动并合为超级大陆。大陆移动造成海岸线发生变化，也改变了海洋生物的栖息地

样子呢？古生代初期，罗迪尼亚超大陆分裂成多个大陆，之后在古生代的泥盆纪和石炭纪之间再次聚集，形成泛大陆。泛大陆周围的巨大海洋被称为"泛大洋"。大陆的分布和移动与海洋生物的繁盛不无关系。从古生代早期起到晚期，原来聚集在南极的大陆慢慢向北极移动，海平面上升，海洋生物的生存空间随之增大。

寒武纪：生命大爆发

寒武纪开始之前和结束时，出现过两次冰期，整个地球温度降低。但是到了古生代，所有的大陆脱离地球的两极，移动至赤道旁，在寒武纪期间，大陆和海洋沿岸的气温出现回升。在寒武纪之前存在的大陆冰川也开始融化，海平面上升。陆地海岸地势低的地带沉到了海里，拓展了海洋生物生活的空间。不仅如此，冰川融水把无机盐等多种养分运到了海里，海洋生物开始繁盛，以前从未有过的多种生物开始出现。科学家将生命史中的这一时期称为"寒武纪生命大爆发"。

寒武纪具有代表性的物种主要有三叶虫、长有五只眼睛的欧巴宾海蝎和当时被称为"位于食物链顶端的捕食者"的奇虾。奇虾的体长从最短的 50 厘米到最长的 2 米不等，其头部有一对奇怪的钳子。实际上寒武纪的化石形态非常奇异独特，很难复原物种原本的面貌。长得像鱼刺般的怪诞虫在被发现之初，曾经出现过生物上下部被复原反了的想象图。

寒武纪的动物和稍早时存在的埃迪卡拉动物群有着明显的区别。埃迪卡拉动物群的化石大多是具有柔软身体的软体动物（无脊椎动物），没有眼睛、嘴巴和消化器官，身体呈辐射对称。但是寒武纪的动物都有坚硬的甲壳和刺，长有眼睛和嘴巴，有尖锐的牙齿和锋利的钳子，也具备了便于移动的"腿脚"。在这不过 2 000 万年间到底发生了什么呢？捕杀开始了！埃迪卡拉时代和寒武纪期间，有的物种开始知道了"肉味"，"光开关"被打开了。

捕食者长出了能看到食物的眼睛、能够快速追击的"腿脚"、能够吃东西的嘴巴和消化器官，也长出了能够排泄消化不掉的东西的排泄孔。当然，被捕食者也不会坐以待毙。它们把碳酸钙附着在身，"制造"出一层"战甲"，为了逃亡，也给自己"装上腿脚"，还"装备"了能够威胁攻击者的毒和硬刺。进入寒武纪后，捕食者和被捕食者之间展开了你死我活的生存大战，这成为物种进化的动力，刺激了同源异形基因，于是物种进化出现了多姿多彩的形式。

奥陶纪和脊椎动物的祖先

4.9 亿年前至 4.43 亿年前，大约 6 000 万年的时间在地质年代上属于奥陶纪。在这一时期爆发式多样化的物种逐渐放慢了原本飞快的进化脚步。各个物种和寒武纪相比

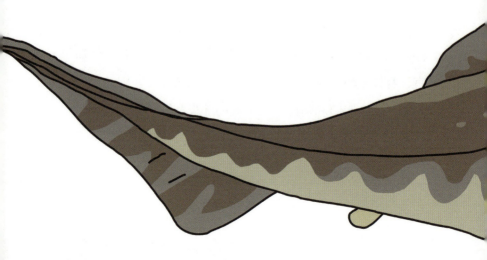

昆明鱼

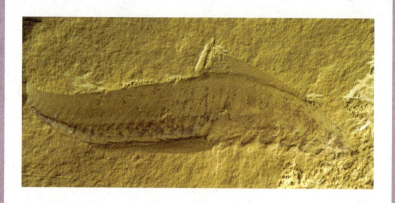

昆明鱼体内贯穿着一条软骨脊索，被看作脊椎的原始形态

都有了很大的不同。包括无颌鱼在内，脊椎动物的祖先在这个时期登场了。实际上今天我们所知道的动物物种的95%都属于无脊椎动物。在无脊椎动物的中间生活着一种大约3厘米的细长生物，叫作昆明鱼。昆明鱼是有着支撑身体的柱形脊索和神经管的脊椎动物的祖先。

　　奥陶纪后期，大部分的陆地开始向南极漂移，最后会聚在南极中央。陆地出现大规模的冰川，海平面开始下降。曾经生活在浅海的海洋无脊椎动物失去了生存的空间，很多生物就此消失。虽然生活在深海的动物没有遭受严重打击，但是生活在浅海的生物原本很多，因此灭绝的规模就显得很大。这一时期的灭绝就被称为"奥陶纪大灭绝"。

志留纪：最早的陆地植物

奥陶纪大灭绝至 4.19 亿年前的大约 2 000 万年属于地质年代中的志留纪时期。这一时期有颌鱼和巨大的节肢动物开始繁盛。当时位于食物链顶端的板足鲎就是体长可以达到 3 米的节肢动物。它们猎杀的主要目标是身披骨甲的盾皮鱼。

节肢动物

甲虫、蟑螂、蜂、蝲蛄等都属于节肢动物。节肢动物没有脊椎，但是有一层坚硬的甲壳包裹着柔软的身躯，身体和足之间有很多节。

这一时期值得我们重视的一大事件就是植物开始进军大陆。苔藓类虽然首先登上陆地，但是能扎根干燥的陆地并垂直生长的最早的维管植物却是莱尼蕨。随着植物进军陆地，陆地动物也开始出现。能够呼吸空气的蝎子和千足虫等动物开始在陆地繁衍生息。

泥盆纪：鱼类的时代和脊椎动物进军陆地

泥盆纪的气候大体温暖湿润，陆地植物正式遍布大陆。既是鱼类祖先又是脊椎动物祖先的硬骨鱼类在泥盆纪初期开始繁盛，并逐渐分化出多种多样的新物种。相似

邓氏鱼

覆盖邓氏鱼的铠甲厚 5 厘米左右。锐利的牙齿由下颌骨延长而成，强有力的颈部肌肉支撑着下颌，极具杀伤力，不管什么都能捕食。但是比起捕食能力，它的消化能力比较弱，食物的坚硬部分不能消化，需要吐出体外

时期出现的鲨鱼和鳐鱼抛弃了硬骨，长有软骨和结实的皮肤。没有鱼鳔，依靠身体积攒的脂肪增强浮力，因此身体呈圆筒状是它们的一大特征。

　　泥盆纪被称为"鱼类的时代"。这一时期的顶级掠食者是泥盆纪后期的盾皮鱼类邓氏鱼。盾皮鱼，顾名思义，

就是有盾牌般坚厚的皮层包裹着身躯的鱼。邓氏鱼的身躯有如 10 米长的公共汽车般庞大，体重如成年大象，重达 4~5 吨，称霸海洋。

有的硬骨鱼靠着坚硬的叶状鱼鳍在海底爬行，有的硬骨鱼长着能呼吸空气的鼻孔和肺，后者是不是为了躲避掠食者才浮出水面呢？由此这些鱼开启了向陆地脊椎动物进化的大门。泥盆纪后期爬到陆上的这些鱼类的模样类似于今天的两栖动物，它们的鱼鳍逐渐发达，成为能行走的腿。但是，由于它们的卵不能完全适应陆地，因此它们未能完全脱离水边生活。

石炭纪：壮观的蕨类森林和巨型巨脉蜻蜓

3.54 亿年前至 2.9 亿年前各大陆统合成超级大陆——泛大陆。刚刚定居陆上的脊椎动物们开始到处移动。

泛大陆的中央有条巨大的山脉。泛大陆的赤道部分沿着山脉出现了多雨地带。雨水形成江河侵蚀陆地，冲走大量的沉淀物，从而形成三角洲和湿地。而在这些地方，蕨类植物形成郁郁葱葱的森林并不断繁盛。

在包裹着一层坚硬外壳的节肢动物的身体上有可以呼吸的孔，即气门。这个气门和遍布全身各处的空气通道气管相连。如果气管不够密集，效率就比较低，给养就受限制。但是，石炭纪是地球历史上氧气浓度非常高的时期之

石炭纪大陆的分布

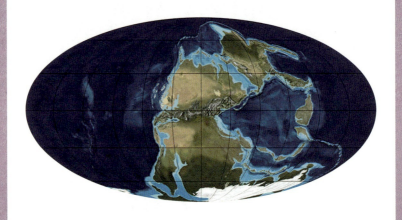

由现在的欧洲大陆、格陵兰岛、西伯利亚、北美洲、中国等地组成的劳亚古陆和由现在的南极洲、非洲、印度、澳大利亚、南美洲等组成的冈瓦纳古陆慢慢地合成一块，变成超级大陆——泛大陆

一，氧气浓度大约为30%。受惠于此，节肢动物可以充分发挥潜力。体长超过80厘米的巨型蜻蜓就是在这一时期出现的。

还有一件特别有意思的事情。在石炭纪和二叠纪时期，大气中二氧化碳的浓度在达到10%后突然下跌，降到和今天相似的水平。这是碳被大量固定的缘故。也正因如此，这一时期被称为石炭纪。

人和昆虫的呼吸器官

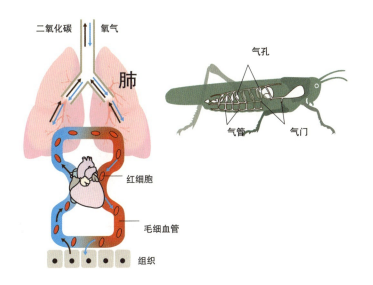

哺乳动物依靠"搬运工"红细胞把肺部接收的氧气输送到构成身体的各个组织和细胞中去。各个细胞和组织产生的二氧化碳会运输到肺部。节肢动物则通过气管将经过气门进入的氧气直接传输给各个组织和细胞

　　煤炭本来是从石炭纪到二叠纪时期曾在沼泽地繁盛的大量蕨类植物的躯干。因为氧气浓度高，植物能够长出由木质素和纤维素构成的结实的茎和枝干。但是其根部的进化速度跟不上，不足以支撑庞大的枝干。于是植物就算是

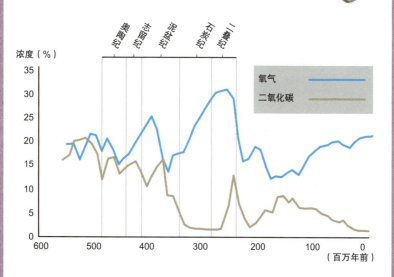

氧气和二氧化碳浓度变化

浓度（%）

奥陶纪
志留纪
泥盆纪
石炭纪
二叠纪

氧气

二氧化碳

（百万年前）

从奥陶纪开始，氧气浓度逐渐增加，达到约25%的水平，在泥盆纪急剧降到15%的水平以下，其后又在石炭纪持续不断上升，在二叠纪达到30%。当时动植物受高浓度氧气的影响，体型不断变大

遭受小小的冲击也会倒下。由木质素和纤维素构成的木料分解起来需要花很长时间。在此期间，海平面慢慢上升，堆积的植物沉入海底，逐渐形成泥炭层。随着碳逐渐被固定，二氧化碳的浓度逐渐降低，这也成为导致全球变冷的主要原因。

脊椎动物自泥盆纪起开始登上陆地，此后愈发活跃。

堪称爬行动物和哺乳动物祖先的羊膜动物出现在石炭纪。羊膜动物所产的卵有层坚硬的外壳，能保存好里面的水分。动物终于可以离开水边，向陆地更深的腹地拓展自己的生存空间了。

二叠纪：生命历史上最残酷的大灭绝

进入二叠纪，羊膜动物的身体上出现了和今天的爬行动物身上相似的坚硬的鳞，并且进化出了多种形态。羊膜动物大体分为两类，一类是作为哺乳动物祖先的下孔类，一类是作为爬行动物等生物祖先的双孔类，后者后来进化成恐龙。

二叠纪初期，下孔类动物占据优势，它们中间出现了顶级掠食者，即异齿龙，顾名思义，它具有"两种形态的牙齿"。异齿龙躯体长 3.5 米以上，而且在庞大的躯体上还长着像船帆一样的背鳍。这个背鳍上布满了血管，据推测，这些血管可能像现在大象的耳朵，发挥调节体温的作用。异齿龙的另一个特点是，它不像原始爬行动物那样腹部贴着地面爬行，而是用四肢支撑身体站立着。包括异齿龙在内的下孔类动物逐渐地腿部伸长，能够用四条腿行走跑跳，同时逐渐分化出了类似哺乳类的门齿、犬齿、臼齿等，进化为兽孔类。

但是，在二叠纪末期，发生了地球上最严重的生物大灭绝。这一时期处在二叠期的末期，中生代三叠纪的起始阶段，取两个时期英文名称的首字母，称之为"P-T 大灭绝"。在这次大灭绝中，大约 96% 的海洋生物物种，70% 以上的陆地脊椎动物消失了。根据统计，当时生存的所有物种有 98% 遭到灭绝。

下孔类和双孔类

下孔类异齿龙的化石。其头骨侧面颞部有个孔，叫颞颥孔。如果有一个颞颥孔，就属于下孔类，有两个则属于双孔类

　　大灭绝发生的准确原因目前依然在研究中，据推测，在大约 1 000 万年间发生的两次火山爆发导致了物种大灭绝。大约 2.6 亿年前在赤道附近发生的第一次火山活动形成了峨眉山暗色岩，约 800 万年后更大规模的火山活动形成了西伯利亚暗色岩。峨眉山暗色岩地区喷出的

岩浆冲破碳酸盐岩石和煤炭堆积的地层，产生了大量的
二氧化碳和甲烷。持续了几千年的喷发产生的其他毒气
和上升到平流层的甲烷、二氧化碳破坏了臭氧层，地球
朝着高温干燥的状态变化。因此，石炭纪和二叠纪形成
的煤炭沼泽干涸，随着石炭的燃烧，氧气的浓度跌落到

15% 以下。

记录二叠纪大灭绝情况的地层绝大多数是黑色的。这是因为当时氧气不足，生物的尸体不能被分解，从而堆积起来，呈现黑色。大灭绝时还是海洋的地区，其地层将这一特点体现得更充分。当时水温上升，二氧化碳浓度增加，海洋生物也窒息死亡。在死亡之海中繁盛的细菌释放出有毒气体硫化氢加速了生物的灭绝。最后的致命一击，是形成巨大的西伯利亚暗色岩的火山喷发。

曾经在整个古生代繁盛的三叶虫也在此时期灭绝。巨型蜻蜓也消失了。包括海蝎在内的海洋动物大都死亡。在陆地上，不论是植物，还是两栖动物、爬行动物统统接连出现集体死亡。就连在大大小小的灭绝事件中未曾受到严重冲击的昆虫都在这个时期灭绝 30% 以上，这在昆虫历史上称得上"空前绝后"。在二叠纪之前曾经统治陆地的哺乳动物的祖先下孔类大部分都消亡了。

那么，哪些动物生存了下来呢？不论是海洋，还是陆地，能够正常呼吸的动物生存了下来；在贫瘠稀薄的空气里依然能够活跃，生存在洞窟里、土坑里、沼泽里的那些动物活了下来。大灭绝之后首先出现的陆地动物是水龙兽（类哺乳爬行动物）这一点就是明证。它们从黑暗的洞窟里爬出来，顺畅呼吸，占据了空旷的大陆。

水龙兽

大灾难后的幸存者水龙兽利用肌肉组成的横膈膜和宽阔的气孔呼吸，它是当时呼吸能力最强的动物

中生代——恐龙时代

中生代始于 2.5 亿年前，止于 6 500 万年前，跨度约为 2 亿年。这一时期，在二叠纪大灭绝中生存下来的爬行动物进入鼎盛期，恐龙时代开启，哺乳动物登场。中生代还是动物和植物正式确立共生关系的时代。扎根陆地的植物分化出多样的种类，进一步得到进化。包括松树在内的

中生代的大陆漂移

三叠纪中期以后，以赤道为中心分南北的泛大陆开始四分五裂，出现了大西洋。大西洋中脊分隔了海洋板块，从裂谷中喷出岩浆，形成新的海洋地壳，扩张了大西洋

种子植物飞快地覆盖了陆地。在中生代末期的白垩纪，能够开花的被子植物也首次出现。开花植物和搬运花粉的昆虫建立了紧密的联系，从而加速了昆虫的进化。

泛大陆进入中生代后开始慢慢分开。在三叠纪时期，今天的北美大陆和非洲大陆向两侧漂移，大西洋开始形成。南美大陆和非洲大陆与澳大利亚和南极大陆分离期间，印度次大陆向北漂移。在白垩纪中期，大陆的分布和现在的分布基本相同，依然没有分开的只有欧洲和亚洲大陆。

泛大陆的分离对生物来讲意味着巨大规模的地理上的隔离。大陆从高纬度地区到低纬度地区广泛分布，形成了各自不同的独特的气候环境。由此，陆上的生物也各自踏上了不同的进化之路。

三叠纪：废墟上的生命轮回

三叠纪时期是二叠纪物种大灭绝后环境特征延续的时期。在海洋生活的少数鱼类和贝类、一部分节肢动物名列生存者名单之上。在陆地上，两栖类、下孔类，还有部分爬行类也存活了下来，而且蚊子和蟑螂也幸免于难。比起蕨类植物，裸子植物受到的伤害相对小些。持续存在了数百万年的大量毒气虽然多已散去，但是二氧化碳的浓度奇高，10倍于现在，而氧气的浓度相当低，这让生物的多样性不易得到恢复。直到三叠纪中期，生命才开始重新焕发活力！

蕨类植物和裸子植物形成郁郁葱葱的森林，生长比较茂盛的主要有蕨类植物石松和种子蕨，裸子植物银杏和苏铁（俗称铁树），以及松柏植物。蕨类植物局限于气候潮湿的地域，而裸子植物在大部分的内陆地域广泛扎根。

在三叠纪初期的陆地上，大小如狗般的下孔类水龙兽几乎是唯一的脊椎动物。水龙兽能在大灭绝中免于灭绝，是因为它有几种能力：擅长挖洞躲藏，肺功能强大。科学家在地球的广泛地域内都发现了水龙兽的化石。由此看来，它们显然曾在空旷的地球独霸一时。

阻止水龙兽独行天下的是兽孔类。它们虽然躯体较小，但是速度快，敏捷伶俐。兽孔类偷食水龙兽的卵，逐渐扩张了自己的势力。

接着，作为恐龙、翼龙、鳄鱼共同祖先的古龙亚纲动物开始和兽孔类针锋相对，展开角逐。当时古龙亚纲动物具有骨盘结构，跑起来比兽孔类快得多，而且能双足行走。除了海岸边，它们也适应了气候闷热、干燥的地区，耐干燥的皮肤组织发挥了重要作用。在和古龙亚纲的竞争中，逐渐遭受排挤的兽孔类大多数走上了灭绝的道路，存活下来的一部分就变成了哺乳类的祖先。虽然在竞争中互有胜负，但在中生代的竞争中爬行类算是取得了最终胜利。

二叠纪物种大灭绝的噩梦慢慢消散，到三叠纪后期，在海洋中的物种也变得多种多样。中生代海洋生态系统的特征之一就是，在海底挖洞生存的底内动物种类增多。曾经把身体暴露在海底的贝类、海参、海胆等棘皮动物为了躲避掠食者而钻入海底洞穴。

秀尼鱼龙

体长 25 米，体重约 40 吨的一种鱼龙

　　和陆地一样，在海洋里也是爬行类独步天下。虽然属
于爬行类，但是不产卵而直接生产幼崽的鱼龙出现，占据
了掠食者的位置。它们一直延续到侏罗纪时代，和其他海
洋动物展开了激烈的竞争。

　　但是，在海洋中，另一部物种大灭绝剧目正悄然上
演。在三叠纪，从北极到非洲最南端形成了横亘大西洋的
巨大海岭。三叠纪末期，从中央海岭（洋中脊）喷出岩浆，

填充了断开的裂谷，扩展了大西洋的海底。就算只估计最活跃的爆发期也大概有 50 万年之久。这次火山爆发的余波也直接导致了第四次物种大灭绝。

火山灰遮蔽了天空，超大量的二氧化碳、硫化氢和气溶胶进入大气。二氧化碳加速了地球的温暖化。海洋生态系统也表现出了先是浮游植物灭绝，最终掠食者灭绝的模式。以珊瑚礁为中心的海洋生态完全遭到破坏，作为早期鱼类的牙形动物也灭绝了。少数菊石和形似

气溶胶
高压下喷发出的液体或气体，混杂着微小颗粒，呈雾状。

蛤蜊的腕足类也只勉强存活了一小部分。虽然比海洋生物的灭绝规模小，但陆地上也接连出现灭绝。兽孔类遭受严重打击，几乎全部灭绝。大型的两栖类也开始逐渐消失，仅存的一部分进化成了哺乳类。据推算，三叠纪物种大灭绝导致地球上约 65% 的物种消失了。

侏罗纪：恐龙的全胜时代

灭绝的时钟停止之际，地球分成了两块大的陆地，北边是劳亚古陆（又叫北方大陆），南边是冈瓦纳古陆。侏罗纪初期大陆虽然彼此分离，但是距离比较近，随着大陆之间海平面的起伏，两块大陆时而陆地相连，时而隔岛相

望，反反复复。大陆上处处是蕨类和苏铁等裸子植物，形成郁郁葱葱的森林。整个地球到处能看到结满松果样果实的松柏植物。在海洋里，硬骨鱼大规模繁殖，逐渐形成强大势力。

三叠纪大灭绝结束之后，陆地上开启了巨型爬行动物，即恐龙的全盛时代。最初的恐龙能够用后腿支撑身体，具有能自由呼吸的肺。此时出现了初龙类，它们是所有恐龙的祖先。

恐龙分为用双足行走的肉食性兽脚类恐龙和用四足行走的大型草食性蜥脚类恐龙。人们通常认为中生代的大型爬行动物都是恐龙，实际上，天上飞的翼龙，海洋里的鱼龙、蛇颈龙、沧龙和兽孔类不属于恐龙。三叠纪前在陆地曾君临天下的兽孔类逐渐灭绝，仅存的少数进化为哺乳类，艰难地延续下去，它们统治的时期悄然而逝。

白垩纪：最早的开花植物

至白垩纪初期，劳亚古陆和冈瓦纳古陆完全分离。海平面升高，地球温暖潮湿。大陆和海洋都洋溢着生命的活力。海洋里的无脊椎动物种类增加，陆地的恐龙也多种多样。白垩纪初期最突出的变化就是陆地上到处都开着花，还能看到花结出的种子。长有花瓣的被子植物在侏罗纪后期出现并扩散至地球各个角落。植物通过开花，摆脱了依

裸子植物的花和被子植物的花

裸子植物松树的花（左）和被子植物苹果的花（右）。和主要靠风传粉的裸子植物不同，被子植物的花开得鲜艳，形态多样，吸引昆虫、鸟、哺乳动物等搬运花粉

靠风进行繁殖的限制，通过昆虫和脊椎动物可以把种子传播到更远的地方。

随着被子植物的登场，昆虫也得到进化。在三叠纪时代，昆虫在和裸子植物的相互作用中有过一次爆发式的进化，而随着被子植物的登场，昆虫再一次飞跃式进化。

统治白垩纪的爬行动物

在白垩纪，恐龙种类繁多。生活在侏罗纪末期至白垩纪初期的草食性恐龙腕龙从头到尾长约 25 米，高约 8 米，体重达 45 吨左右，是陆地上最大的动物之一。它和以残暴出名的顶级掠食者霸王龙，和肌肉最发达的大型肉食性恐龙巨兽龙竞争。别忘了，水边还生活着体长约 13 米的巨型鳄鱼恐鳄。

海洋中的顶级掠食者是蛇颈龙，意即脖颈很长。白垩纪时期典型性的蛇颈龙有薄板龙。蛇颈龙的脖颈长达体长的一半左右，模样奇特，正因如此，在刚发现它们的化石时，人们还错把脖颈当成了尾巴。

除此之外，还有体长 10 米，仅头骨就长达 3 米的短颈龙和克柔龙（又称克诺龙、长头龙），它们在白垩纪后期把掠食者的位置让给了沧龙科的爬行动物，之后灭绝。

白垩纪的天空中飞着翼龙。从侏罗纪时期就出现的翼龙到了白垩纪依然统治着天空。鸟类还不是它们的对手。最有名的翼龙是无齿翼龙，据推测它们体长超过 7 米，栖息在海边。白垩纪时期最大的翼龙是翼展 12 米的风神翼龙，是迄今为止天空中最大的动物。据推测，其翅膀收拢站立时和长颈鹿差不多高。

纵观生物的历史，为什么在白垩纪会出现体型最为庞大的动物呢？接下来介绍几种假说。有观点认为，就像在古生代出现巨型昆虫一样，氧气浓度高是主要原因。大型

蜥脚类和兽脚类

蜥脚类属于草食性恐龙，四足行走，脖颈长，身躯大，腕龙（上）就是其中的代表。兽脚类大多属于肉食性恐龙，两足行走，有锐利的趾和锋利的牙齿，霸王龙（下）是常见代表

巨兽龙和恐鳄

巨兽龙（左）身长 13 米，头长 1.8 米，是最大的肉食性恐龙。恐鳄（右）身长 13 米，是巨型鳄鱼

动物对氧气浓度敏感。肺活量、心脏肌肉的大小，以及血管的粗细和长度都制约着动物的体型。比如，蜥脚类想要支撑脖颈很费力，还要将血液输送到头部的高度，足见心脏的负担非常重。但是，如果氧气浓度高的话，同样的血量就能非常有效地输送氧气（尽管如此，大部分的蜥脚类并不昂头行走）。

和植物的竞争也是主要原因之一。中生代中期以后，种子植物正式掌控了大陆，特别是被子植物在和食草动物

蛇颈龙和翼龙

蛇颈龙中的薄板龙（上）属于肉食性动物，其特点是脖颈长。无齿翼龙依靠长长的喙捕食鱼类等

的食物链关系中为了生存，不得不长得高大。尽管依旧能被一两种高大动物吃到，但是能避开绝大多数其他的食草动物。如此一来，植物的高度本身就会成为一种竞争力。于是，随着植物的高度变高，食草动物为了生存也就逐渐变高了。

食肉动物和食草动物的竞争也是主要原因之一。与羚羊或兔子等相比，大象能够安全摆脱食肉动物的威胁也是因为其躯体大。多种环境造就了躯体发育的最佳条件，食肉恐龙和食草恐龙也在竞争中壮大躯体，努力占据有利于生存的战略高地。

还有人主张，恐龙虽然是恒温动物，但并不是内部活跃的物质代谢导致的，而是因为其庞大的躯体维持了恒温。体型庞大有利于保持体温，就好比大容器里的热水要比小容器里的热水冷得慢。体型较小的蜥蜴随着外部环境的变化体温急剧变化，因此要经常晒太阳或是乘凉，以此来维持体温。但是像科莫多巨蜥和巨龟那样体型大的爬行动物相对地对体温不是那么敏感。庞大的恐龙似乎也不需要担心体温。

白垩纪时期的小行星碰撞

6 500 万年前，恐龙遍布地球各处。但是到了白垩纪末期，曾统治地球、繁盛一时的恐龙也面临崩溃。在这一时期，宽 10 千米、重达 10 亿吨的小行星以 3.2 万千米的时速冲撞地球。冲撞的地点位于现在的尤卡坦半岛。10 亿吨的小行星随着撞击完全消失，方圆 400 千米的动物都没来得及感受痛苦就一命呜呼了。撞击后形成的超高温蘑菇云冲向天空，冲击波向四方扩散。冲击波所到之处，原来的大部分物质都化作了气体。撞击的位置出现了一个直径 160 千米的陨击坑，无数的碎片飞向空中，形成火球开始降落。高浓度的氧气助长了火势，瞬时火焰蔓延，遍布大陆。大海彼岸的大陆上出现巨大的海啸，巨浪冲上岸并吞噬一切。

满载着有毒气体的厚厚的云层遮住了太阳，就算是正午，世界也是如深夜般漆黑一片。到处都是一片火海，炽热的大气遇上冷空气就形成暴风雨。致命的有毒物质和硫黄扩散至空气中，形成严重的酸雨。数月不停的大雨甚至改变了地形地貌。酸雨对海洋生态系统的打击尤其致命。首先浮游生物全面灭绝，以此为主食的上一级消费者也跟着大量灭绝，由此食物链崩溃。鱼龙、蛇颈龙、沧龙和菊石统统消失。包括曾活跃于大陆的恐龙和称霸天空的翼龙在内，体重 10 千克以上的陆上脊椎动物大部分就此灭绝。随着时间的流逝，火焰熄灭，酸雨停止。太阳重新露出笑脸，放出光芒，但大气中充满二氧化硫，反射阳光，于是，地球迎来了核冬天。

冲击波和陨击坑

小行星碰撞产生的冲击波模拟图（上）。小行星撞击造成的巴林杰陨击坑（下）

普尔加托里猴

已知最早的灵长类。外表和松鼠或老鼠相似，在树上攀缘摘取果子为生

地球上也有幸存者。裸子植物遭遇大灾难之后，蕨类植物短暂地激增，大部分昆虫免遭灭绝，被称为人类远祖的最早的灵长类普尔加托里猴也幸存下来。它们身材娇小，为了躲避巨大掠食者而藏在阴暗的洞穴里。黑暗对于躲在洞穴里的动物来说并不坏，因为它们适应了黑暗，身材娇小，少量食物就能维持生存。在大灾难中勉强生存下来的巨大的恐龙却因为食物不足而逐渐饿死。生活在淡水的脊椎动物中，除了体型非常大的物种外，龟、鳄鱼、硬骨鱼等存活了下来，似乎是适应了水边低氧气浓度的环境。经过几次大灭绝和数次小灭绝，生命提高了自身的强大适应力。

新生代——哺乳动物时代

6 500万年前的大灭绝之后，中生代逐渐落下帷幕，新的时代开启了。新生代时期，地球到处发生大规模的变动，例如出现了圣安地列斯断层和阿尔卑斯山脉。新生代大部分时间气候都是凉爽的。在人类最早出现的更新世，冰期和间冰期反复交替。在冰期，大部分温带地区堆积着大陆冰川，整个陆地的三分之一覆盖着冰雪。到了间冰期，大陆冰川向更高纬度的地区后退。

经历了第五次大灭绝后，很多栖息地变得空空如也。在灭绝中幸存的哺乳动物在没有掠食者的地方迅速进化。蝙蝠、大型陆地哺乳动物，以及鲸、海豚等海洋哺乳动物填补了食物链中的空缺，灵长类中出现了人类。

古近纪：传说中的古哺乳动物时代

恐龙灭绝了。除了龟、蜥蜴、蛇和鳄鱼等几种爬行动物，几乎所有的爬行动物也消失了。最初补缺它们生态位的掠食者是鸟类。不飞鸟身长2米以上，头部巨大；喙呈钩状，说是鸟，但不会飞。体型如老鼠、兔子般的哺乳动物虽然从大灭绝中幸存下来，但是想占据生态系统的无主空山尚需时日。直到古近纪古新世结束之际，小河马般大小的哺乳动物开始出现，进入始新世，古哺乳动物才真正开始繁盛起来。这一时期，整个哺乳动物中个体数量最多、种类最多的是啮齿类。啮齿类体型较小，属于不挑剔食物的杂食动物，占据了大部分的栖息地。直到现在，40%以上的哺乳动物都是啮齿类。

　　白垩纪大灭绝之后，裸子植物大部分都消失了，被子植物取代了它的生态位。在始新世，不仅仅被子植物和哺乳动物繁盛，生态系统完全从大灭绝中恢复，物种多种多样，灿烂多姿。特别是白垩纪以后随着大陆的分离，物种适应各自大陆的环境，更加多样化，呈现一派欣欣向荣的景象。而且，冰期和间冰期不断交替，海平面起起伏伏，大陆间偶尔会出现条条通道（陆桥），动物得以穿梭其间。交流和孤立不断重复这一点也体现在新生代地层中，各大陆板块的新生代地层中出土了多种多样的化石。

　　新近纪：接近今天的地球

　　在被子植物和哺乳类统治陆地期间，大陆依然在一点点漂移。北上的印度和亚洲大陆相撞，从而形成了喜马拉雅山脉和青藏高原。南美和北美最终连接成一块大陆。不同的大陆相遇，不同的生物正式交流时会发生怎样的事情呢？对此，大规模的实验在自然界开展。这些都属于晚近发生的事，可以收集的资料算是比较丰富的。

　　在中生代和翼龙的竞争中遭受排挤的鸟类一进入新生

代就进化出多个物种，开始遍布各处。猫头鹰、游隼、鸭子、企鹅、鹭等大部分的鸟类在这一时期得到进化，出现了现有鸟类的属。在非洲，包括古人类和其他类人猿在内的人科远祖也登场了。

新近纪中期的中新世气候持续干燥寒冷，草开始出现。作为被子植物的草在生长一两年后，露在地面的部分会枯死，但是根依然活着。耐干燥、抗寒冷的草靠着顽强的生命力可以进入更加广阔的地域。以草为食的动物也因此繁盛起来。

第四纪：猛犸象和人类

新生代的最后阶段第四纪，也是整个地质年代的最后一个阶段，指 258 万年前至今的时期。以农耕开始的 1 万年前为基准，第四纪又被划分为更新世和全新世。我们就生活在 1 万年前至今的全新世。

第四纪经历了数次冰期和间冰期，地球的南极圈和北极圈被大规模的冰川覆盖，常年积雪。我们所熟悉的世界地图的模样也是在这一时期定型的。由于海平面高度的变化，隔着白令海峡的北美洲和亚洲的生物可以相互交流。马和骆驼就是先在美洲繁盛而后到达亚洲的动物的代表。印度尼西亚周边也出现了陆桥，亚洲的动物也开始扩散。属于人科的人类祖先也离开非洲，经过亚洲、北美，进出南美。唯一没有陆路通道的澳大利亚至今依然是其他地区未曾发现的有袋类（胎盘发育不全的原始哺乳动物）的天国。

在更新世值得关注的是巨型哺乳动物的出现。长达 6 米的树懒、重达 2 吨的雕齿兽、洞熊、披毛犀、猛犸象等都属于此类。据推测，巨型哺乳动物是为了抵御寒冷，所以躯体变得庞大。我们常常把巨型哺乳动物的灭绝归罪于人类的滥捕滥杀，但实际上，这一时期人类对生态系统的

威胁和破坏微乎其微。因此这种主张不太有说服力。我们应当从气候变化和食物链的断裂中寻找原因。

进入全新世，人类通过驯化家畜和作物开始了农耕生活，作为生产和消耗能量的主体开始正式地对生态环境产生影响。这一时期发生的灭绝相当多数应归咎于人类。

生命和地球始终在共同进化。地球的变化无常增加了生命的多样性，环境的变化无常促进了生命的适应能力。环境变化包括引起季节变化的地球自转轴的变化、大陆的漂移和分布、冰期、火山、地震、台风，还有太阳风和黑子、小行星的接近和撞击等。一方面，环境的变化摧毁称雄一时的动物，把其生态位让给其他动物。另一方面，生命又使地球变得多姿多彩。植物覆盖地面，把陆地变成绿色的海洋，粉碎岩石，把岩石变成土壤。动物也改变了地球的环境。就像在山顶上俯视山下，一览无余，地质年代正是为我们展现生存在不同时空的多彩生命的画卷。

"人类世"是并没有划入地质年代的时期。所谓"人类世"，是因为在所有物种里，人类对地球生物圈的影响力最大而创造的新术语。人类消耗光合作用产出的所有能量的 25%~50%。为了满足需求，人类需要增加化石燃料的使用量，于是大气遭到污染，二氧化碳浓度增加。不可否认，由此地球气候出现变化，全球变暖正在发生。

在生命的历史长河中，没有哪个时期可以要求一个物种承担责任，只有人类想对自身的影响力以及由此造成的变化负责。我们将通过大历史系列的其他故事来描述谱写地质年代新篇章的人类的产生、进化，以及他们所创造的文明。但是，人类如果不想沉醉在历史展现的华丽的伟大中，踏上自我毁灭的道路，那么就需要不断反省。从生命谱系始发点的最早的生命体延伸出的生命枝丫，经过消失了的祖先和存活下来的祖先，延伸到我们，而作为生命之树一部分的人类是应该和其他物种共存的。

从大历史的观点看动植物的进化

正上高中的女儿说要尝试孵化小鸡，就和社团的朋友们开启了"孵蛋项目"。孩子们从大型超市买来受精鸡蛋，把它们放进了学校科学实验室的孵化器里。孵化器在调整好一定的温度和湿度后，需要持续供水，孩子们就轮流值班给孵化器加水。就这样过了两周，小鸡破壳的日子临近，孩子们更加频繁地去往实验室。终于，蛋壳上开始出现裂缝，一只、两只，小鸡破壳而出，来到了这崭新的世界。孩子们给每只小鸡取了名字，仔鸡一号，仔鸡二号，仔鸡三号……孵化器嗡嗡的嘈杂声被仔鸡的叽叽喳喳声覆盖，而仔鸡的叽叽喳喳声又淹没在孩子们的欢笑声中。随后孩子们在学校后院找到一个小纸箱，为小鸡们造了房子，并各自领养了一只小鸡，成为小鸡妈妈。于是，孩子们也有了新的名字：仔鸡一号妈妈，仔鸡二号妈妈，仔鸡三号妈妈，零号妈妈……

其中，仔鸡三号出生没几天就夭折了。它一出生就虚弱无力，走路也踉踉跄跄，后来才知道是得了病。另外，零号的腿折了，孩子们就在它的腿上绑了一段木筷，但它最终没能康复。好在其余小鸡都茁壮成长，不知不觉间褪去了稚气，成为健健康康的鸡，小小的纸箱已经容不下它们了。正好有个小孩的同学的亲戚在乡下有农场，于是孩子们决定把鸡送去农场。

在"孵蛋项目"开始之前，孩子们只知道鸡蛋是一种好吃的食物。然而在小鸡从小小的鸡蛋中破壳而出的那一瞬间，对于孩子们来说，鸡蛋变成了一种不同于石头和智能手机的生命。看着小鸡成长，孩子们感受到了生命的奇妙，对此充满了好奇。那么，这神奇的生命是如何出现的呢？

距今38亿年前，地球上出现了生命。生命有一个重要的特征，那就是拥有创造自己、保护自我、维持自身的能力。为此，生命需要从周边环境中获取能量。有些生命体利用唾手可得的太阳能获取能量；有些生命体通过吸收其他生命体获取自身所需要的能量；有些生命体无须夺走其他生命体的生命，可以从矿石或死尸中获取能量。生命还具有能够创造和自己一模一样的另一个自己的能力。正是由于生命不仅具有维持自身的能力，还具有可以复制自身的能力，于是，没过多久，地球表面就充满了生命。

然而，有趣的是，并不像满天星那样开满同样的花朵，地球反倒像由各种各样的花扎起来的色彩斑斓的花束，存在着各种各样的生命体，它们和谐共处。这里包含着差异和融合的生命秘密。就算是生命体能够复制自我，复制出的新生命体也不会和母体完全一致。脸庞会不同，手指形状各异，腿的长短也不一样。生命体特意创造出一套系统，用以接收"其他"生命体的信息并对其进行融合。相反，那些坚持自我而没有与其他生命体的信息进行融合的生命体，不久便从地球上消失了。地球不同于火星，地球是一个充满活力的行星。

大陆板块移动，海洋时有时无，天气忽冷忽热，火山突然爆发，行星撞击地球，这些都可能导致曾经繁盛的生命消失殆尽。这一切好比我们的计算机被格式化后重新启动。在如此变化无常的环境中，那些没能适应环境、固守自身的生命体无法在地球上生存太久。而那些吸收并融合"差异"的生命体则一代又一代地繁衍下来。这些生命体的信息又被传承到下一代，如此一代一代积累下去。越是处于生命之树枝丫末端的生命，就越多地享有祖先积累下来的各种信息。而处在生命之树枝丫末端的生命之一，就是人类。人类体内积累了从最初的生命体延续下来的生命运作原理，以及与细菌、鱼类、青蛙、猴子所共有的一些信息。如果一个制作精美的碗碎了，我们只会感到可惜，可是看到小鸡的腿骨折或病恹恹、快死去的样子，我们却会觉得心痛，也许就是因为我们同为生命之树上生生不息的枝叶吧。

生命也是能够积极改变周围环境的存在。在生命的历史初期出现的原始生命体让地球充满了氧气。登上陆地的植物把大地染成绿色，并利用太阳能进行光合作用。动物们利用植物供给的能量建造了自己的家园。现在，人类以积累下来的知识，即科学技术为基础，拥有了改变整个地球的力量。这种力量不仅会影响连成生命之树的所有生命体，还会影响整个地球。我们让小鸡孵化出世，就要承担起照顾它们的责任。同样，生命之树连接我们和其他生命，我们也应该对它们负责和施以关爱。

我们通过"万物大历史系列"了解了从最初的生命体延伸出来的生命谱系。通过此系列丛书，我们将看到在137亿年的漫长岁月中，历经了十大转折点并延续至今的生命体的共同属性——不断增加的多样性、复杂性、相互关联性。由此，我们也可以预测不远的未来的模样。我们人类作为宇宙中生命的一员，也许是唯一能够理解自身进化过程的存在，是唯一能够思考我们自身责任的存在。因此我们更不能忘记，我们所有人都是以如此神奇的方式连接共存的。这也是我们想传达的最后一份叮嘱。

2016 年 3 月

姜方植　姜贤植